焦虑

焦虑
就是怕

梓郡 著

王的勇气
带着焦虑向前走
是焦虑的起点；不怕，是自由的开始

出版发行集团
沈 阳 出 版 社

图书在版编目（CIP）数据

焦虑就是怕 / 夏梓郡著 . -- 沈阳 : 沈阳出版社，
2025. 7. -- ISBN 978-7-5716-5162-6

Ⅰ . B842.6-49

中国国家版本馆 CIP 数据核字第 2025GD8727 号

出版发行：沈阳出版发行集团 | 沈阳出版社
　　　　　（地址：沈阳市沈河区南翰林路 10 号　邮编：110011）
网　　　址：http://www.sycbs.com
印　　　刷：三河市兴达印务有限公司
幅面尺寸：170mm×240mm
印　　　张：11.5
字　　　数：122 千字
出版时间：2025 年 7 月第 1 版
印刷时间：2025 年 7 月第 1 次印刷
责任编辑：王冬梅
封面设计：鲍乾昊
版式设计：雷　虎
责任校对：张　磊
责任监印：杨　旭

书　　　号：ISBN 978-7-5716-5162-6
定　　　价：59.80 元

联系电话：024-24112447
E-mail：sy24112447@163.com

第一部分：认识焦虑
——揭开"怕"的面纱

01 全世界都在催我的婚

▶ **朋友圈里的心事**   [仅自己可见]

每逢节假日，我的朋友圈就成了"婚礼秀场"——婚纱照、蜜月旅行、孕期大肚，幸福像病毒一样蔓延。而我，像个局外人，看着别人的生活按部就班地推进，自己却卡在了"单身"这个关卡。

亲戚们的"催婚炮弹"总是准时轰炸：

"怎么还不结婚？年纪不小了呀。"

"别挑了，赶紧找个对象吧！"

这些话像一根根刺，扎进我的心里。我知道他们是关心我，但这种关

心却让我喘不过气。婚姻什么时候成了人生的"必选项"？难道单身就意味着失败？别人都在按部就班地结婚、生子，而我却像被时间遗忘的人，孤单地站在原地。是不是我真的错过了什么？还是说，婚姻只是社会强加给我的一场"考试"，而我迟迟交不上答卷？有时候真想屏蔽这一切，但更想屏蔽的是那些无形的焦虑和压力。婚姻不是人生的唯一答案，可为什么好多人都觉得它是？

▶ 心理反射区

社会心理学家纽加滕和黑捷斯塔德提出的社会时钟理论，揭示了社会对个体生命历程的隐性规约。这一理论指出，社会为每个年龄阶段都预设了相应的行为规范，其中婚姻被视为人生旅程中的重要里程碑。当个体未能按照这一时间表步入婚姻时，往往会陷入焦虑与迷茫的困境。这种社会期待形成了一种无形的压力系统：父母的殷切期盼、同龄人的婚礼盛宴，都在不断强化适婚年龄的概念，偏离这一轨道的人，可能会面临社会评价的压力，也会产生自我认同的危机。

▶ 焦虑实验室

实验名称：催婚焦虑值量化实验

实验背景：在现代社会，催婚带来的焦虑像空气渗透在家庭聚会、朋友圈动态甚至日常闲聊中。为了帮助你更清晰地认识自己关于催婚的焦虑状态，我们特别设计了这场"催婚焦虑值量化实验"，让模糊的情绪变得可测量、可分析。

实验步骤：

1.场景模拟： 想象你坐在家庭聚会的餐桌上，亲戚突然问道："什么时候带对象回来？"

2.反应记录： 在1分钟内，写下你脑海中闪过的三个念头：

我是不是不够好，所以才找不到对象？

他们为什么总是干涉我的生活？

我的人生为什么要被他们安排？

3.情绪打分： 为每个念头对应的焦虑感打分（0～10分，0=毫无感觉，10=极度焦虑）。

4.数据分析： 计算总焦虑值，并根据以下公式进行解读：

①焦虑值≤10分：

你已构建"情绪防护罩"，社会时钟对你影响微弱。

②10分＜焦虑值≤30分：

你处于"焦虑摇摆区"，需要进一步自我觉察。

③焦虑值＞30分：

你的"焦虑探测器"过于敏感，建议开启"减压模式"。

▶ **我想对你说**

在现代社会，焦虑的来源往往是一个复杂的心理网络，它不仅仅来自外界的催促和压力，更深层次地植根于我们自身与社会标准之间的巨大落差。当周围的人似乎都在按部就班地完成"人生大事"——结婚、生子、买房，我们很容易陷入一种"落后"的错觉。这种错觉并非凭空产生，而是被社会文化中的"人生进度表"所强化。家人、亲戚甚至朋友的善意提醒，像是一遍遍敲响的钟声，不断提醒我们"该做什么了"。这些声音在内心深处悄然埋下了焦虑的种子。

社会对婚姻的固有期待，通过"社会时钟"这一无形的机制，为每个人设定了特定年龄段该完成的任务。然而，这一"时钟"在不同文化背景下存在巨大差异。

在东亚社会，婚姻常被视为人生的重要里程碑，未婚的30岁女性常被称为"剩女"，男性也背负"成家立业"的期望。

在印度等传统文化影响深厚的地区，女性的婚姻年龄甚至被视为家庭荣誉的一部分，晚婚可能会带来更大的社会压力。当我们身处特定文化环境中，很容易被社会的主流价值观所影响，误以为自己偏离了"正轨"，甚至担心被贴上"失败者"的标签。

然而，这种对"正轨"的执着，让我们忽视了每个人的人生节奏都是

独特的。婚姻并不是衡量人生价值的唯一标准，也没有放之四海而皆准的"正确时间"。

▶ 别怕，向前冲

我们常常被各种声音和期待包围，仿佛每一步都要按照既定的剧本走，但生活不是一场竞赛，婚姻不是必须完成的任务，真正的幸福，来自你如何倾听内心的声音，如何按照自己的节奏前行。

1.有人单曲循环，有人随机播放，你的节奏自己当DJ：别让别人的催促打乱你的步伐，静下心来问问自己：我准备好了吗？这是我想要的生活吗？只有当你真正了解自己，才能找到最适合自己的婚姻时机。

2.醒醒！人生成就系统早该更新版本了：每个人的人生道路都不同，有人早婚幸福，有人晚婚也美满。你的价值不在于是否结婚，而在于你如何活出自己，如何面对生活的挑战，如何创造属于自己的精彩人生。

婚姻，是两个人共同参与的舞蹈，它并非他人所设的框架，也不必依照外界的标准来衡量。

我们常常在别人的目光中迷失，忘记了婚姻的本质是彼此的相知与相守，是心灵深处的共鸣，而非迎合与妥协。真正的相遇，仿佛晨曦初照，温柔而坚定，带着一份自然流露的美好。那些忠于内心的跋涉，早已在彼此的陪伴中，写下最真挚、最温柔的答案。

02 拖延症晚期，明天的我已是废人

▶ **朋友圈里的心事**　　　　　　　　　　　　　[仅自己可见]

每到深夜，我打开朋友圈，满屏都是今日打卡——凌晨三点的论文终稿、周末完成的技能证书、同事晒的年度晋升截图，别人的时间像火箭推进器，而我的时钟被按了0.5倍速播放键。

手机里的待办事项像俄罗斯方块，越堆越高：

晨跑计划在收藏夹里躺了182天；

Python网课进度永远卡在2%到3%；

连年度总结都要拖到来年立春；

我们明知道自己的任务堆积如山，却依然无法让自己迈出第一步。

早上七点的闹钟像催命符，身体却像被502胶粘在床上。晚上刷完第18个短视频才惊觉又到凌晨，看着空白的文档，突然想起小学作文里写的未来的科学家，现在连PPT都做不出动态效果。最讽刺的是连治疗拖延症的书单都存了三个，却连目录都没翻开。每次发誓要重启人生，最后都变成战术后仰的咸鱼。那些列满荧光笔的日程表，最后都成了行为艺术展品。

有时候真想砸了手机断网修仙，但更想砸碎的是那个永远在等完美时机的自己。明明知道时间是最公平的货币，为什么总在付款时选择分期？别人在升级打怪，而我在新手村捡蘑菇。当整个世界都拼命往前跑，我这个拖延症晚期患者，连鞋带都系了半小时——还打了个死结。

▶ 心理折射区

经济学中的时间不一致偏好理论是指我们的大脑像住着两个决策者：前额叶皮层里的理智人总在制定长期计划，而边缘系统的原始人却疯狂追逐即时快感。当刷短视频的多巴胺快感碾压写PPT的未来收益，原始人便劫持了决策权，形成计划—拖延—焦虑—更拖延的死亡螺旋。拖延症不是懒，而是我们的大脑在"现在的快乐"和"未来的收益"之间，总是选择前者。

▶ 焦虑实验室

实验名称：拖延焦虑值量化实验

实验背景：拖延症如同一个无形的黑洞，吞噬着时间和精力，为了帮助你更清晰地认识自己的拖延焦虑状态，我们特别设计了这场"拖延焦虑值量化实验"，让模糊的情绪变得可测量、可分析。

实验步骤：

1.场景模拟：想象你正坐在电脑前，桌面上堆满了未完成的文件，手机里不断弹出新消息提醒。

2.反应记录：在1分钟内，写下你脑海中闪过的三个念头：

这么多任务，我该从哪儿开始？感觉根本做不完。

我是不是太懒了？为什么总是拖延？

如果做不完，别人会不会觉得我不靠谱儿？

3.情绪打分：为每个念头对应的焦虑感打分（0~10分，0=毫无感觉，10=极度焦虑）。

4.数据分析：计算总焦虑值，并根据以下公式进行解读：

①焦虑值≤10分：

你已构建"情绪防护罩"，拖延对你影响微弱。

②10分＜焦虑值≤30分：

你处于"焦虑摇摆区"，需要进一步自我觉察。

③焦虑值＞30分：

你的"焦虑探测器"过于敏感，建议开启"减压模式"。

▶ **我想对你说**

面对一个又一个未完成的任务时，无形的压力慢慢地累积，形成了我们焦虑的旋涡。我们总是知道自己应该去做某些事情，比如学习、工作或者提升技能，但往往选择拖延，甚至在做一些与目标无关的事情时，我们也感到一种莫名的不安，这种焦虑本质上来自对未来的无力感和对当下选择的后悔，当我们明知道自己的任务堆积如山，却依然无法让自己迈出第一步时，内心的焦虑便开始升温。这种焦虑并不是因为缺乏动力，而是我们大脑对短期即时满足的过度依赖，导致我们忽视了更长远的成就感和回报。

当下的自我总是占据上风，而未来的自我则被无限期推迟，这种冲突让我们陷入了一种"知道该做什么，却总是做不到"的困境，每一次的拖延，都在无形中加剧了这种焦虑。我们开始担心错过机会，担心拖延带来的后果，担心自己永远无法达到预定的目标。而每一次的无所作为，都让这些恐惧和焦虑变得更加真实和压迫，这种焦虑并不是凭空产生的，而是我们大脑对未完成任务的一种自然反应。更糟糕的是，拖延和焦虑之间形成了一个恶性循环：焦虑让我们更加难以开始行动，而拖延又进一步加剧了焦虑。我们的大脑为了逃避这种不适感，往往会选择更多的即时满足

11

活动，比如刷手机或者吃零食，但这些短暂的快乐之后，焦虑感往往会变得更加强烈。我们发现自己陷入了一个无法摆脱的怪圈：明明知道该做什么，却总是无法开始；明明想要改变，却总是被当下的自我牵着鼻子走。

▶ 别怕，向前冲

生活不是一场必须冲刺的跑步比赛，拖延也不是你命中注定的枷锁。每一个微小的开始，都是对未来的温柔承诺——哪怕只是今天翻开一本书的第一页，或者写下第一个字的勇气，都是你与时间达成的一次和解。

1.先做1%，再想100%：不要试图一口吃成胖子，而是从最小的、最容易完成的任务入手，完成比完美更重要，哪怕只是一个小小的开始，也能打破拖延的惯性。

2.把诱惑锁进抽屉，把目标放在眼前：大脑总是倾向于选择即时满足，可以通过改变环境，让"正确的事"更容易开始，让"诱惑"更难触及。

3.创造多巴胺陷阱：在待办事项旁放置气味触发器（如特定香薰），每次完成任务就喷洒固定香型，通过嗅觉记忆建立"行动-愉悦"的条件反射。

放下那些如影随形的焦虑，抬起头，你会看见天空依旧辽阔，星辰依旧闪烁。拖延的迷雾终将散去，而你，也不再是那个被困在"明日复明日"循环里的旅人。你注定会成为那个在时光长河中，勇敢划动双桨的摆渡人，带着从容与坚定，驶向属于自己的彼岸。未来的你，会站在时光的彼岸，向此刻迈出第一步的自己轻轻致意。

03 完美主义逼疯我

▶ **朋友圈里的心事**　　　　　　　　　　　　　[仅自己可见]

职场汇报里的数据图表总是精确到小数点后两位，PPT里的配色要符合品牌视觉规范，连邮件的每个措辞都要斟酌再三，生怕一不小心传递出错误的信息。而我，像个永远在打草稿的画家，连第一笔都要调三百次色。会议室里的KPI目标一次次刷新，方案从V1.0改到V12.6，文件夹里堆满了"最终版（修改）""最终最终版""绝对不再改版"之类的文件名，甚至连项目总结的措辞都要在"挑战"与"机遇"之间反复推敲。身边的同事在年终汇报里用流畅的语调讲述"增长150%的市场份额"

朋友圈的九宫格，就像一面精心打磨的镜子，映照出别人的高光时刻，却照出了我的焦虑。

或"突破性的行业布局"，而我却盯着屏幕里还未填满的数据表格，心里盘算着如何让这个季度的汇报显得"有亮点但不夸张"。

昨天删掉了第18条未发送的朋友圈。照片里云层位置太靠左，文案读起来像中学生摘抄，甚至给咖啡拉花打了马赛克——因为奶泡塌得像迷你火山。朋友随手拍的模糊夕阳却收获200赞时，突然发现自己的完美主义其实是种残疾，有时候想撕了所有待办清单，但更想撕碎的是那个把橡皮擦磨出火星的自己。如果完美是祝福，为什么我总在它的阴影里喘不过气？

▶ 心理折射区

完美主义者总是以最高标准要求自己，哪怕是微小的错误也能让他们感到极度的羞耻和不安，尤其在社交媒体的加持下，完美主义愈发容易演变成"自我逼迫"。我们不断地与他人比较，逼迫自己按照一个完美的模式去生活，却忽略了现实世界的复杂与不完美。每次看到朋友圈的高光时刻，都觉得自己似乎处于一个无休止的竞争中，而自己连"参赛资格"都没有，正是这种不断追求完美的焦虑，让自己在每个决策面前都变得犹豫不决，生怕一旦失误，就会掉进万丈深渊。

▶ 焦虑实验室

实验名称：完美主义焦虑值量化实验

实验背景：完美主义有时候像一个枷锁束缚着我们的创造力和行动

15

力。为了帮助你更清晰地认识自己的焦虑状态，我们特别设计了这场"完美主义焦虑值量化实验"，让模糊的情绪变得可测量、可分析。

实验步骤：

1.场景模拟：想象你正坐在电脑前，桌面上堆满了未完成的文件，手机里不断弹出工作信息提醒。

2.反应记录：在1分钟内，写下你脑海中闪过的三个念头：

如果我不能把这件事做到完美，别人会不会觉得我不够优秀？

我是不是应该再多花点时间准备，确保万无一失？

如果我提交的东西有瑕疵，别人会不会对我失望？

3.情绪打分：为每个念头对应的焦虑感打分（0～10分，0=毫无感觉，10=极度焦虑）。

4.数据分析：计算总焦虑值，并根据以下公式进行解读：

①焦虑值≤10分：

你已构建"情绪防护罩"，完美主义对你影响微弱。

②10分＜焦虑值≤30分：

你处于"焦虑摇摆区"，需要进一步自我觉察。

③焦虑值＞30分：

你的"焦虑探测器"过于敏感，建议开启"减压模式"。

▶ **我想对你说**

我们害怕被别人看到自己的不完美，于是用"完美"作为盾牌，试图抵御外界的评判和内心的不安。我们的大脑将每一个微小的失误都放大成灾难，仿佛一次失败就会让整个人生崩塌。这种"全有或全无"的思维模式，让我们在每一个决策面前都变得犹豫不决，生怕一旦失误，就会掉进万丈深渊。朋友圈的九宫格，就像一面精心打磨的镜子，映照出别人的高光时刻，却照出了我们的焦虑。那些精致的早餐、自律的健身照、诗意的加班吐槽，都在无形中为我们设定了"完美生活"的标准。当我们发现自己无法达到这些标准时，焦虑便如影随形。

我们为自己设定了极高的标准，却忽略了这些标准本身可能是不现实的。比如，电脑里躺着的23版未命名文档，每一版都在追求"更好"，却从未达到"足够好"。同时，我们害怕失败，害怕被否定，于是用"完美"作为保护伞，试图避免一切可能的批评和指责，然而，这种保护伞却成了我们的牢笼，让我们在追求完美的过程中，失去了对生活的真实体验。每一次的犹豫、每一次的删除、每一次的重新开始，都是对自我价值的怀疑和否定。

▶ 别怕，向前冲

生活不是一场必须满分的考试，而是一次次从及格线开始的冒险。接受不完美，重新定义成功，生活原来可以如此轻松而真实。

1.瑕疵才是生活的签名，别把它当作污点：生活不是一场精修的照片展，而是一幅充满笔触和纹理的油画。那些看似不完美的细节——没拉好的咖啡花、写了一半的文案，甚至是被删掉的朋友圈，都是你独一无二的生活印记，就像艺术家会在作品中保留笔触的痕迹，你也可以在生活里留下自己的"瑕疵美"。

2.60分万岁，61分浪费：成功不是一场必须满分的考试，而是一次次从及格线开始的冒险，与其追求100分的完美，不如先做到60分，给自己一个开始的理由。

3.别人的朋友圈，不是你的KPI：别人的完美生活，可能是精心剪辑的结果，而你看到的，只是他们想让你看到的部分，你的生活不需要和别人比"谁更完美"，而是要比"谁更真实"。

生活不是一条必须笔直向前的赛道，而是一片蜿蜒却充满可能性的原野。每一处弯道，每一片荆棘，都是你独一无二的风景。拥抱自己的不完美，就像拥抱一颗未经雕琢的宝石——它的光芒，正藏在那些看似粗糙的

棱角里。向着梦想坚定前行，不必在意脚下的路是否平坦，因为正是那些跌跌撞撞的瞬间，才让你的人生故事更加动人。

04 是谁动了我的情绪按钮?

▶ **朋友圈里的心事**

　　衣柜里那件没拆吊牌的孕妇装突然开始发烫,去年冲动下单时幻想的是"未雨绸缪",现在却像件刑具挂在记忆里。我的手机相册最新照片,是上周泡面时拍的调料包段子,此刻在对比下像张潦草的悔过书。成年人的焦虑真是会精准定位攻击:看到婚戒想起体检报告上的卵巢囊肿刷到辅食教程就焦虑冷冻卵子宣传单,连母婴广告里宝宝的笑声都变成倒计时炸弹。更荒诞的是我明明刚熬完述职报告,明明信用卡还在分期,明明最擅长的是把外卖吃出减脂餐的仪式感——可那个窝在沙发里刷手机的我,突

社交媒体成为我们生活的一部分,朋友圈、微博、抖音等平台展示了他人生活的高光时刻。

然被按下"人生重组键"。凌晨四点用Excel列《三十岁目标》，填到"资产"栏时，发现能写的只有"表情包库存1024G"。

我终于认清自己活成了情绪程序的傀儡——某个陌生人的幸福碎片就能触发全线崩溃。当晒娃照变成照妖镜，照见的何止是年龄焦虑？分明是整个世界都在对我说：你的选择是错的，你正在被所有赛道抛弃。此刻特别想发明情绪防沉迷系统，却悲哀地发现连这份冲动都写在三年前的日记里——那个写着"要做自由如风的人"的自己，正隔着时光朝我冷笑。究竟是谁在我的神经末梢装了这么多隐形按钮？为什么每次按下发射键的，永远都是别人的生活？

▶ 心理折射区

心理学家瓦达伦提出的瓦达伦效应描述的是当人们与情绪强烈的他人接触时，会受到他们情绪的影响。当我们与他人交流时，他们的情绪会通过非语言的方式，如面部表情、身体语言和声音语调等，影响我们的情绪状态。如果他人表现出高度兴奋或消极情绪，我们可能会感受到相似的情绪并产生类似的反应。在社交媒体上，这种效应尤为明显，朋友圈就像一个隐形的情绪按钮，一触即发。看到别人分享的生活，焦虑感便自动启动，仿佛一根神经被触动，无法自拔。

21

焦虑就是怕
JIAO LU JIU SHI PA

▶ **焦虑实验室**

实验名称：情绪按钮焦虑值量化实验

实验背景：在社交媒体时代，情绪按钮无处不在，他人生活高光时刻常常成为我们焦虑的触发点。为了帮助你更清晰地认识自己的情绪按钮焦虑状态，我们特别设计了这场"情绪按钮焦虑值量化实验"，让模糊的情绪变得可测量、可分析。

实验步骤：

1.场景模拟：想象你正在刷朋友圈，突然看到一位好朋友晒出一张新婚照片。

2.反应记录：在1分钟内，写下你脑海中闪过的三个念头：

我是不是落后了？为什么别人都在前进，而我还在原地？

我的生活是不是不够好？为什么别人看起来那么幸福？

我是不是错过了什么？为什么我的人生进度这么慢？

3.情绪打分：为每个念头对应的焦虑感打分（0～10分，0=毫无感觉，10=极度焦虑）。

4.数据分析：计算总焦虑值，并根据以下公式进行解读：

①焦虑值≤10分：

你已构建"情绪防护罩"，他人对你影响微弱。

②10分＜焦虑值≤30分：

你处于"焦虑摇摆区"，需要进一步自我觉察。

③焦虑值＞30分：

你的"焦虑探测器"过于敏感，建议开启"减压模式"。

▶ **我想对你说**

焦虑，像是一种无法察觉的"病毒"，悄无声息地侵入我们的内心。在这个快节奏、高竞争的时代，焦虑早已不再是个别人的困扰，而是普遍存在于每一个人的生活之中。它没有固定的外在源头，往往是由许多复杂的内在因素相互交织而成，既有我们对未来不确定性的恐惧，也有来自外界无形压力的加持，更有深植于内心的自我怀疑和不安。在信息爆炸的时代，社交媒体成为我们生活的一部分，朋友圈、微博、抖音等平台展示了他人生活的高光时刻。这些社交平台，无时无刻不在提醒我们自己的"短板"，当我们看到朋友结婚生子、事业有成、家庭幸福，我们往往会情不自禁地将自己的生活和他人进行比较。我们常常会自问："我为什么还没有完成这个人生任务？我的人生是不是太慢了？"这种内心的不平衡，会让我们的焦虑感蔓延。这种焦虑源于社会隐形的竞争规则，仿佛所有人都在一条赛道上奔跑，落后一步，就意味着被淘汰。

每个人的焦虑阈值不同，童年经历、自我认同和成长环境都会影响情绪按钮的敏感度。如果从小被灌输"要优秀""不能落后"的观念，那

23

么长大后，面对社交媒体的对比效应，就更容易被触发焦虑。过去的失败经历、未竟目标，甚至原生家庭的影响，都可能成为埋藏在内心的隐形按钮，让我们在特定场景下迅速失控。然而，焦虑是一种保护机制，它提醒我们警惕风险、提前预防问题。然而，当焦虑过度，它就会变成一个不断自我放大的循环——害怕落后→过度关注外界→产生更多焦虑。社交媒体的"情绪感染效应"让这个循环加速，我们的大脑会自动对比、放大"缺失感"，以至于轻轻一点情绪按钮，就可能引发全线崩溃。当焦虑成为主导情绪，我们就像被编程的机器，任何风吹草动都能触发"危机感"。

▶ 别怕，向前冲

情绪本不该是一场较量，不是比谁更焦虑、谁的压力更大，而是学会在情绪起伏中找到自己的平衡点。或许你没在别人的节奏里起舞，但你的内心自有它的韵律，不要让外界的声音操控你的情绪按钮，你才是自己情绪的掌舵人。

1.拒绝被PUA式操控：你可以选择自己的情绪，选择不让外界的成功标准左右你的情感。每次焦虑的时候，不妨停下，问问自己："这是我的生活，我是否真的想按别人的模板去生活？"让自己重新掌握情绪的主动权。

2.关掉对比模式，专注开挂人生：焦虑来自对比，特别是与他人生活的对比，要学会从自己的视角看待生活，把"他人的成功"转化为"自己的动力"，而不是让它变成焦虑的源泉。

3.给心情装个缓冲气囊，emo了先缓一缓再冲：感到焦虑时，给自己一段时间去沉淀，而不是立刻反应。可以通过阅读、写日记、冥想等方式去平复自己的情绪，不让焦虑在无意识中蔓延。

生活如镜，映出内心的焦虑与不安，这些情绪非枷锁，而是成长的阶梯。若以平和心态面对，它们便能化作前行的动力，在平凡中发现属于自己的光芒。每个人都有独特的人生轨迹，与其被情绪束缚，不如让它们引领我们走向更远的未来。

05 恐惧敲门，我根本不敢开

▶ **朋友圈里的心事**　　　　　　　　　　　　　　　[仅自己可见]

　　恐惧像一位不速之客，总在深夜用暗号叩响心门。手机备忘录里躺着《辞职计划V12》，标题从"星辰大海"退化成"活着就好"，最后连文件图标都染上了铁锈色。上个月偷偷报名了行业峰会，却在出发前夜谎称发烧；上周约好和投资人喝咖啡，却在电梯里按了26次开门键后落荒而逃。最讽刺的是连点外卖都要反复比较评分，生怕选错餐馆就像选错人生。那个藏在备忘录里的自己，正用红色大字写着："你根本配不上梦想！"而现实中的我，连回复"收到"都要检查三遍标点。

别人的生活像按下快进键的励志电影，而我的剧本却卡在"恐惧特写"的镜头里——

翻到五年前的日记："25岁要开个人画展"，现在连素描本都长出了霉斑。别人的生活像按下快进键的励志电影，而我的剧本却卡在"恐惧特写"的镜头里——伸手推门时总幻想门后是万丈悬崖。究竟在怕什么？是失败时旁人的嗤笑，还是成功时发现自己不过是个侥幸的骗子？

▶ 心理折射区

心理学家宝琳·克兰斯提出的"冒名顶替综合征"揭示了恐惧的核心：即便取得成就，人们仍坚信自己只是侥幸的"骗子"，终将被揭穿。这种认知扭曲如同滤镜，将每个机会染上危机的颜色。神经科学发现，当杏仁核过度活跃时，大脑会将普通挑战识别为生存威胁，触发"战或逃"反应——而现代人往往选择"僵在原地"。

▶ 焦虑实验室

实验名称：恐惧焦虑值量化实验

实验背景：恐惧是一种常见的情绪，它常常在关键时刻阻止我们迈出重要的一步，无论是面对职业选择、人际关系，还是生活中的小决定，恐惧都可能让我们陷入焦虑的旋涡。为了帮助你更清晰地认识自己的恐惧焦虑状态，我们特别设计了这场"恐惧焦虑值量化实验"，让模糊的情绪变得可测量、可分析。

实验步骤：

1.场景模拟： 想象你正站在一扇门前，门后是一个你一直渴望但从未尝试的机会（如创业、跳槽、表白等），你感到心跳加速，手心出汗，甚至想要转身离开。

2.反应记录： 在1分钟内，写下你脑海中闪过的三个念头：

如果我失败了，别人会怎么看我？

这个机会真的适合我吗？

如果成功了，我会不会被发现其实是个"骗子"？

3.情绪打分： 为每个念头对应的焦虑感打分（0～10分，0=毫无感觉，10=极度焦虑）。

4.数据分析： 计算总焦虑值，并根据以下公式进行解读：

①焦虑值≤10分：

你已构建"情绪防护罩"，恐惧对你影响微弱。

②10分<焦虑值≤30分：

你处于"焦虑摇摆区"，需要进一步自我觉察。

③焦虑值>30分：

你的"焦虑探测器"过于敏感，建议开启"减压模式"。

▶ **我想对你说**

焦虑，这种情绪，像是无形的束缚，时刻潜伏在我们的生活中，羁绊着我们每一个思绪。在面对未知和挑战时，它悄无声息地走近，伴随着不安和恐惧，侵蚀我们的内心。我们明明拥有无限可能，却在看似平凡的日常中，感受到深深的焦虑。成功对许多人而言，意味着高度的责任和期望，而这些期望所带来的压力，常常比成功本身更令我们焦虑。我们担心失败时被他人嘲笑，甚至害怕成功后暴露出自己并不具备的能力，成了"侥幸"的代名词。在这个信息爆炸、变化迅速的时代，我们每个人都在面对诸多不确定的未来。对于大多数人来说，做出选择意味着承担后果，而未知的后果总是令人畏惧。无论是生活中的小决策，还是职业生涯的重大选择，我们都害怕在错误的路上越走越远。甚至连选择一家餐馆，我们也会在评价和评分上徘徊不前。对结果的过度担忧，扭曲了我们的判断力，使我们陷入"选择困难症"中，进而形成焦虑。我们不断在"如果"与"但是"之间徘徊，陷入选择的陷阱里。

朋友圈里的创业融资喜报、同学们的事业高峰，似乎都在提醒着我们，时间不等人，别人都在进步，而自己却停滞不前。这种社会对成功的刻板印象，加剧了我们的焦虑感。我们害怕错过了"正确"的人生轨迹，错失了成功的机会。在这种压力下，我们的自我认知逐渐模糊，变得焦虑和不安。每一刻的停滞都可能被看作是失败，每一次的犹豫都可能被误解为懦弱。

▶ **别怕，向前冲**

恐惧不是你的敌人，而是最诚实的导航仪，它标记的每个战栗瞬间，都是你即将突破的成长边界。

1.把"万一失败"改成"即使失败"：失败不再是终点，而是一个过程，一次试错，一次成长。换句话说，"即使失败"也意味着我们有勇气去尝试，而不是在恐惧中停滞。

2.给勇气设置小额投币口：将"勇气"分解成小而可控的部分，每次完成小的挑战，给予自己一些奖励或者认可，逐步积累信心。

3.制作你的恐惧勋章墙：记录自己曾经克服过的恐惧，直面自己的不足，激励自己未来继续战斗。

生活不是必须通关的密室逃脱，而是由你执笔的开放式剧本。那些叩门声不是末日的倒计时，而是新章节的启幕铃。当你终于握住门把手的瞬间，会听见锈迹剥落的轻响——那是指尖的温度，正在融化经年的冰封，门后或许没有王子与玫瑰，但一定有某个版本的你，带着穿越风雨的勋章，对此刻颤抖着开门的你说："看，我们终于走到这里了。"

06 我就不信全是我一个人的锅

▶ 朋友圈里的心事　　　　　　　　　　[仅自己可见]

　　每个人都在忙着做自己的一份事业，而我，却总是被拖进了"责任"这个泥潭，仿佛生活的一切不顺和失落都该归咎于我。老板的期望、同事的评价、朋友的劝解，大家都在"指点江山"，仿佛我就是那个无法撑起生活天空的"失职者"。

　　尤其是当一件事失败时，我的内心总会默默盘算：我哪里做错了，哪一步出了问题，为什么总是我成为那个"背锅"的人？有时候，我甚至会觉得，生活就像是个无尽的负重比赛，而我永远走在最前面，背负着别人

我哪里做错了，哪一步出了问题，为什么总是我成为那个"背锅"的人？

的期待和责任，却从未被人提醒过：你也是累的。

别人都有"光环"，而我好像注定是那个"背后支撑"的人，承担着所有未曾谋面的责任和失败的压力。而当我偶尔呼喊一声："这不是我的错"，却也只是换来了一阵冷漠的沉默，甚至是更强烈的指责。"难道真的是我一个人的锅吗？是我不够努力，还是这个世界不够公平？"我开始怀疑，自己是不是错付了太多期待，结果却被无情地抛在了责任的"沙滩"上。

▶ 心理反射区

心理学家韦纳的"归因理论"提出，当个体面对失败时，他们通常会尝试找出原因，并将其归因于内在因素（如自己的能力、努力等）或外在因素（如环境、他人等）。然而，往往我们容易陷入将责任过度归咎于自身的陷阱。这种"内部归因"会导致自我责备和自我怀疑。与此同时，外部的社会评价和压力也在不断强化这种归因，使个体更容易感到自责，甚至放弃尝试，因为他们已经习惯性地认为一切问题都在自己身上。

▶ 焦虑实验室

实验名称：责任感焦虑值量化实验

实验背景：在生活中，我们常常被各种责任和期望压得喘不过气，尤

32

其是当事情不如意时，我们往往会将失败归咎于自己，陷入焦虑的旋涡。

为了帮助你更清晰地认识自己的责任焦虑状态，我们特别设计了这场"责任焦虑值量化实验"，让模糊的情绪变得可测量、可分析。

实验步骤：

1.场景模拟：想象你刚刚经历了一次失败（如项目未达标、家庭矛盾等），周围的人都开始质疑你的能力。

2.反应记录：在1分钟内，写下你脑海中闪过的三个念头：

为什么总是我承担责任？

别人是不是也在推卸责任？

为什么我总是那个"背锅"的人？

3.情绪打分：为每个念头对应的焦虑感打分（0～10分，0=毫无感觉，10=极度焦虑）。

4.数据分析：计算总焦虑值，并根据以下公式进行解读：

①焦虑值≤10分：

你已构建"情绪防护罩"，责任感对你影响微弱。

②10分＜焦虑值≤30分：

你处于"焦虑摇摆区"，需要进一步自我觉察。

③焦虑值＞30分：

你的"焦虑探测器"过于敏感，建议开启"减压模式"。

▶ **我想对你说**

当我们不断反思失败的原因时，往往会陷入"是不是我不够努力"的思维怪圈，甚至将自己无法承受的责任一股脑儿地归咎于自身，忽视了外部环境对我们行为的影响。工作中的失败，可能不仅仅是我们的能力问题，可能是团队协作中的失误，或者是项目资源的不足；生活中的困境，可能不仅仅是我们的责任，可能还与他人对我们期望过高有关。然而，社会和周围人的评价常常放大了我们的不足，导致我们习惯性地将失败归因于自己，忽略了外部的因素。

每个人在职场上都希望获得认可，家庭中也希望能够承担起责任，然而这种期望有时并不完全合理。工作中的老板期待我们时刻保持高效、积极的状态，家庭中伴侣和孩子则期待我们能无时无刻不在提供支持和关爱。随着这些期望的不断积累，我们渐渐成为责任的承载者，却始终没有得到应有的理解与支持。当我们试图向外界表达自己的困境时，却往往只换来沉默甚至更强烈的指责。"难道真的是我一个人的锅吗？"这是许多人在心底发出的疑问。我们不断努力工作、不断承担家庭责任，却始终无法获得他人的肯定和支持，反而不断感到自己被责任所困。这种感觉加剧了我们的焦虑，使我们在面对失败时不仅仅质疑自己的能力，更感到一种深深的孤独与无助。

▶ **别怕，向前冲**

生活的旅程并非单一的直线，而是充满了波澜起伏的山谷与宽广平原。我们往往在不知不觉中将责任与焦虑堆砌成高墙，困在其中，无法看见外面的阳光。然而，那些沉重的负担，并非你一人应承的命运。正如大海的波涛，虽澎湃，但每一次的潮起潮落都意味着重生与改变。

1.**跳出显微镜，拿起望远镜**：别总盯着自己的失误放大镜，学会用全局视角观察棋局。每个人都是棋盘上的特定棋子，与其纠结"马为什么不能直行"，不如看清整盘战略布局。他人的评价只是残局复盘时的某步推演，别让它篡改你的棋谱价值。

2.**把压力分一半，让肩膀轻一半**：当重担压得关节作响时，记得工具箱里还有"协作滑轮组"。主动抛出绳索邀请他人共担，你会发现原本需要咬牙扛的千斤顶，在多人传动中变成了可调节的液压装置。

3.**激活大脑的"失败学习"模式**：神经科学研究显示，每次失败都在重塑神经回路，像升级系统补丁般优化认知架构。建立"试错－反馈－迭代"的循环机制，让失误自动转化为神经可塑性增益。

放下那些不属于你的重担，去倾听内心的声音，那是你最真实的召

唤。生活的广阔，远不止于眼前的困境，它藏在每一片闪烁的星光里，藏在每一场迎风的奔跑中。你不再是被拖累的囚徒，而是那个有力挥舞双臂，穿越风雨的战士。那些曾经以为无法跨越的山丘，终将因你的勇气和坚持，化作一段温暖的记忆。

07 事业家庭双重夹击，我的焦虑加码

▶ 朋友圈里的心事 [仅自己可见]

　　生活的天平似乎从未平衡过，在事业和家庭的天罗地网中，我总是身心疲惫地左右摇摆。工作上的压力如一座大山，压得我喘不过气；家庭中的期望与责任又像千斤重的锁链，将我紧紧束缚。每当下班回家，那个熟悉的家已经不再是温暖的港湾，而是充满责任和压力的"战场"。无论是孩子的作业、伴侣的期待，还是父母的关怀，每一份情感和责任都像是不断递增的负担，让我感到无法摆脱的束缚。

　　而与此同时，事业上的竞争也愈发激烈。每一个上司的目光、每一

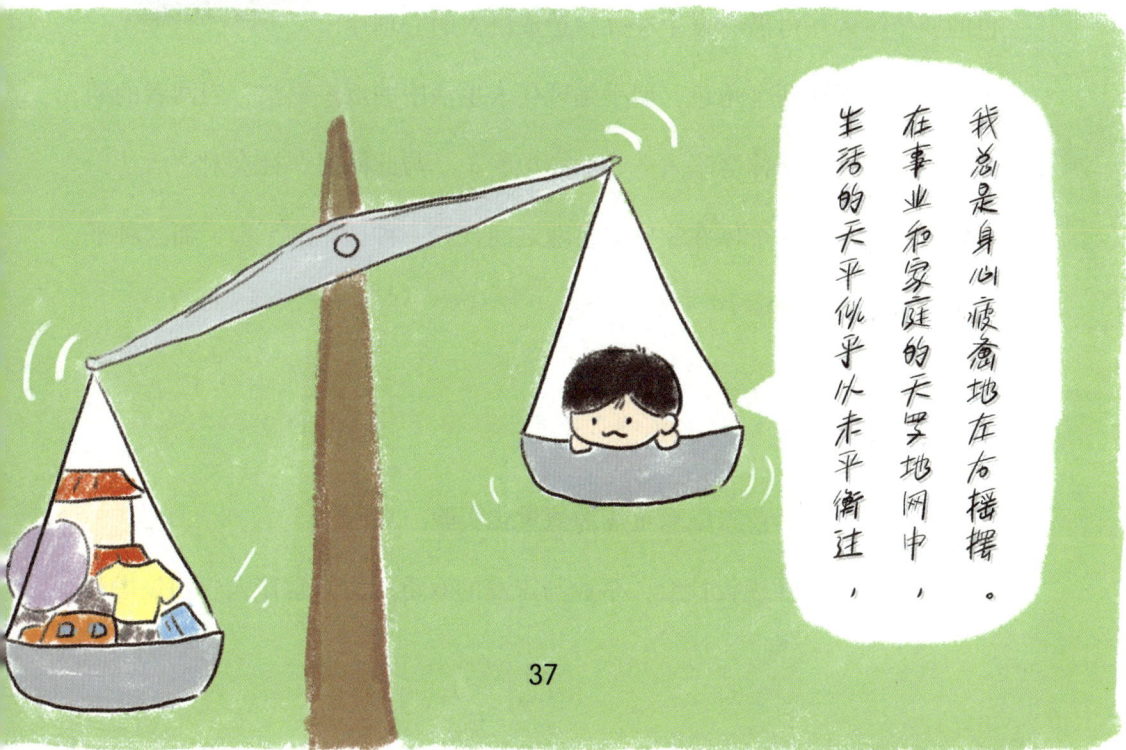

生活的天平似乎从未平衡过，在事业和家庭的天罗地网中，我总是身心疲惫地左右摇摆。

场会议的考验、每一份项目的延期，都让我在前进的路上踽踽独行。曾经的激情和梦想被现实碾压，留下的只是日复一日的疲惫和对未来的焦虑。日常的生活仿佛是一场永无休止的拉锯战，我不断地在家庭与事业之间穿梭，却始终无法找到平衡点。

而更让我心力交瘁的是，似乎所有人都在无声地要求我"完美"。我感到自己像一个杂技演员，虽然努力维持着微笑，但随时可能跌落，失去支撑的平衡。我的内心的焦虑与压力日渐增大，仿佛在背负着一个无法放下的包袱。

▶ **心理反射区**

社会学家罗伯特·金·默顿提出的"角色冲突"理论揭示了当个体同时扮演多个角色时，来自各个角色的期望与责任可能会发生冲突，造成巨大的心理压力。家庭和事业两个角色，似乎是现代人生活中的双重重担，当两者的期望无法平衡时，个体会陷入内心的撕裂状态。与此同时，社会对"成功"的定义，往往要求个体在家庭与事业之间找到一种理想的平衡，而这种平衡常常只是空中楼阁。

▶ **焦虑实验室**

实验名称：事业家庭双重焦虑值量化实验

实验背景：在现代社会，事业与家庭的双重压力常常让人感到焦虑和疲惫。为了帮助你更清晰地认识自己在事业与家庭之间的焦虑状态，我们特别设计了这场"事业家庭双重焦虑值量化实验"，让模糊的情绪变得可测量、可分析。

实验步骤：

1.场景模拟：想象你刚刚结束了一天的工作，回到家后，孩子的作业、伴侣的期待、父母的关怀接踵而至，而你却感到筋疲力尽，无法应对。

2.反应记录：在1分钟内，写下你脑海中闪过的三个念头：

　　我是不是在事业上投入太多，忽略了家庭？

　　我是不是在家庭中承担了太多，忽视了事业？

　　我是不是无法平衡事业与家庭，注定要失败？

3.情绪打分：为每个念头对应的焦虑感打分（0～10分，0=毫无感觉，10=极度焦虑）。

4.数据分析：计算总焦虑值，并根据以下公式进行解读：

①焦虑值≤10分：

　　你已构建"情绪防护罩"，事业与家庭的双重压力对你影响微弱。

②10分＜焦虑值≤30分：

　　你处于"焦虑摇摆区"，需要进一步自我觉察。

③焦虑值＞30分：

　　你的"焦虑探测器"过于敏感，建议开启"减压模式"。

▶ **我想对你说**

社会对"成功"的定义往往以理想化的标准要求每个人，不仅仅涉及事业上的成就，还包括家庭的和谐美满。我们从小被灌输一种信念：事业与家庭应当达到某种"完美平衡"，否则便是失败。然而，这种平衡本质上是一种理想化的假设，在现实中几乎难以企及。随着社会角色期望的变化，这种困境在不同性别和职业群体中体现得尤为明显。

对于职场女性而言，传统观念仍然要求她们在照顾家庭的同时，兼顾事业发展。尽管社会对女性职业发展的接受度提高，但"贤妻良母"的隐性期待仍然存在，让许多女性在工作晋升与家庭责任之间左右为难。她们不仅仅要面对职场上的竞争，还要承担家庭中的主要照护责任，这种双重压力容易导致"超级女性综合征"——即无论在职场还是家庭，都觉得自己必须做到完美，否则便会感到愧疚和焦虑。与此同时，男性的性别角色期望也在悄然转变。传统观念将"经济支柱"的责任放在男性身上，而如今，越来越多的男性希望在家庭中扮演更积极的角色，参与育儿和家庭事务。然而，部分职场文化仍对男性的"全情投入"抱有高期待，导致许多男性在工作与家庭之间感到撕裂。例如，在一些高强度行业，如金融、法律、科技等，加班文化盛行，男性如果选择更多地照顾家庭，可能会被认为"缺乏事业心"，从而影响职业发展。这种隐形压力，使得

不少男性即便希望在家庭中投入更多精力，也不得不在现实中做出妥协，进而产生内在冲突和焦虑。

最终，焦虑的根源不仅仅是"如何平衡事业和家庭"，更在于社会对"成功"的单一定义，让人们在追逐理想化的平衡过程中不断自我怀疑。当个体的现实选择与社会期望发生冲突时，这种落差便成为无法摆脱的心理枷锁。要缓解这种焦虑，我们需要意识到："成功"并不是唯一标准，找到适合自己的人生节奏，远比满足外界期待更加重要。

▶ 别怕，向前冲

在这场夹击的战斗中，我们的目标，不是迎合他人的期待，而是要在事业与家庭的纷繁中，找到那份属于自己内心的平衡。

1.压力太大？先给任务"断舍离"：就像收拾衣柜一样，把要做的事分成"必须马上干""可以缓缓再说""能甩手不管"三类。每天花5分钟用手机备忘录列个清单，标红前三件最重要的，做完就划掉，超有成就感！

2.把压力当"健身环"，每天练习15分钟：研究发现，压力其实能让人更专注！试试这招：手腕戴根橡皮筋，一焦虑就弹自己一下，马上起身干件小事——比如擦桌子、回个微信。就像打游戏攒经验值，每次行动都能让压力条下降一截。

3.每天给大脑开个"飞行模式"：睡前半小时关掉手机，学刘亦菲在

《去有风的地方》里那样泡杯花茶，用"三句话复盘"：今天最爽的事+踩的坑+明天的小目标。就像手机充电，你的大脑也需要每天回血半小时。

　　未来的你，不必被那无尽延展的时间表所羁绊，也无须为无法触及的完美而焦虑。生活，从来不是一场竞速，它是一段充满诗意的旅程，每一步都蕴含着独特的风景与意义。不要急于寻求完美的平衡，而是学会在波澜起伏中找到自己的节奏，让步伐不再匆促，而是以一种从容而坚定的姿态，稳步前行。

08 拼命努力却力不从心

▶ **朋友圈里的心事** [仅自己可见]

　　每天都在拼命努力，却始终感到力不从心。工作上的压力、生活中的琐事，仿佛都在无声地叠加，任凭我如何努力，始终无法减轻心头的重负。每一分努力似乎都换不来期望中的成果，而每一次尝试，也常常被疲惫和焦虑吞噬。我常常看着屏幕上的任务列表，心中泛起一种无力感。无论是工作中的项目，还是个人生活中的目标，所有的一切都像是一个永无止境的"待办事项"清单。拼命工作，却始终感觉自己在原地踏步。

　　有时，我会问自己，为什么总是拼尽全力，却依然无法看到希望的曙

任务列表

1. ———— ————
2. ———— ————
3. ———— ————
4. ———— ————

所有的一切都像是一个永无止境的"待办事项"清单。拼命工作，却始终感觉自己在原地踏步。

光？是我不够努力吗？还是我根本没有做对事情？每一次新的开始，似乎都伴随着无尽的焦虑和迷茫，努力在某种程度上已成了焦虑的来源，而不是解决问题的钥匙。不断刷新的目标和任务，就像一座无形的大山，让我感觉自己永远无法翻越。

我知道，生活中总有那些"不完美"的时刻，然而，每次面对不尽如人意的结果时，那份深深的无力感，还是会让我在某个瞬间怀疑自己。尽管一遍又一遍地告诉自己不要放弃，可是在无数次的失败和挫折面前，那份坚持的力量，似乎越来越弱。

▶ 心理反射区

心理学中的"努力错觉"理论指出，人们常常会在无效的努力中陷入更深的焦虑和困境。当我们不断付出，却未能获得应得的回报时，内心的焦虑便会悄然滋生，这种无力感的根源，并不在于努力的大小，而是我们对努力的结果抱有过高的期待。当现实无法兑现我们的期望时，我们便会陷入焦虑的死循环。

▶ 焦虑实验室

实验名称：努力无效焦虑值量化实验

实验背景：我们倾尽全力奔波于工作和学习，然而成果却总与付出严重失衡，这种"拼命努力却力不从心"的状态，容易在我们的心底种下挫败的种子。为了帮助你更清晰地认识并量化这种因努力与回报脱节而产生的焦虑，我们特意设计了这场"努力无效焦虑值量化实验"，让模糊的情绪变得可测量、可分析。

实验步骤：

1.场景模拟： 想象你正忙碌于堆积如山的任务中，无论加班加点、反复调整计划，最终依然无法达到预定目标。

2.反应记录： 在1分钟内，写下你脑海中闪过的三个念头：

> 我这么努力到底哪里出了问题？

> 付出这么多还是毫无进展，我是不是做错了？

> 为什么我总是感觉力不从心？

3.情绪打分： 为每个念头对应的焦虑感打分（0～10分，0=毫无感觉，10=极度焦虑）。

4.数据分析： 计算总焦虑值，并依据以下标准进行解读：

①焦虑值≤10分：

> 你已构建"情绪防护罩"，虽感到努力与回报不符，但影响较小。

②10分＜焦虑值≤30分：

> 你处于"焦虑摇摆区"，需要进一步自我觉察。

③焦虑值＞30分：

> 你的"焦虑探测器"过于敏感，建议开启"减压模式"。

▶ **我想对你说**

在现代生活的节奏中，很多人都感受到了"拼命努力却力不从心"的困境。许多人为了升职加薪、追求事业的突破而拼尽全力，但往往却发现自己的努力并没有得到与之匹配的回报。项目的进展似乎永远卡在原地，业绩的提升也始终无法达到自己的标准。我们往往陷入了一种无休止的目标追逐中，陷入了永不满足的状态，每当一个目标达成，我们便迫不及待地设定下一个，甚至来不及享受胜利的喜悦，便已投入新的挑战。职场中的KPI层层递进，生活中的任务清单永远无法清零，即使取得阶段性的成功，我们也总是更关注尚未完成的部分，而忽视了已有的成就。这种不断向前的压力，最终会引发职业倦怠。长时间的高强度工作、重复的任务、缺乏成就感，都会让人失去动力。更深层次的焦虑，往往源自职业锚的错位。每个人在职业生涯中都有自己的核心驱动力：有些人看重技术能力，渴望精进专业技能；有些人追求稳定和安全，希望拥有可预测的未来；有些人则渴望自主与创新，希望在工作中拥有更多的掌控权。然而，当现实的工作环境与个人职业锚发生冲突时，焦虑便悄然滋生。例如，一个本质上追求稳定的人，如果在一个极度强调竞争和创新的环境中工作，可能会长期感到不安；而一个渴望挑战的人，如果被困在一成不变的岗位上，则可能会失去

动力。

焦虑并非仅仅源于高目标或高强度的工作，而是来自我们对自我定位的不确定感。每一次的努力似乎都被现实的残酷打破，而这种不匹配的付出与回报常常让人感到深深的无力，这种无力感并非来自实际的失败，而是来自我们内心对"努力应有回报"的执念，当现实没有按照我们的期待展开时，我们便开始怀疑自己的价值和能力，焦虑情绪随之而来。

▶ 别怕, 向前冲

面对眼前的重重困境，不要被那份"力不从心"的感受所压倒，我们应该学会从全新的视角审视问题，找到更高效、智慧地解决的方法。

1.减速，是为了看清方向：不要被"快即是好"的惯性绑架，用间歇性暂停代替持续冲刺。每小时留5分钟放空时间，用呼吸节奏校准行动节奏。当视线不再被速度模糊，反而能筛选出真正重要的方向。

2.此刻即战场，杂念请退场：焦虑是大脑同时处理多线程任务的过载警报。切断"如果……怎么办"的假想回路，用物理隔离法处理干扰源：手机锁进定时盒，电脑关掉弹窗。当注意力收束在当下1平方米，完成质量会自我证明。

3.充电，比硬撑更聪明：把休息纳入待办清单的必选项，设置"能量警戒线"。当专注力跌破40分钟阈值，立即启动15分钟充电程序：可以是窗口远眺，也可以是结构化踱步。主动暂停的机体，永远比强弩之末多30%续航力。

真正的力量，并非源自无休止的奔波，而是在于我们如何掌握自己的节奏，如何在生活的洪流中洞察自我。当你能够在拼搏中保持清醒，在努力中学会适时地放松，你会发现，曾经沉重的疲惫，终将在轻盈的步伐中悄然消散。

09 孤独感像个隐形炸弹

▶ 朋友圈里的心事　　　　　　　　　　　　[仅自己可见]

新年的第一天，我的朋友圈又一次被他人的"人生赢家"动态刷屏了。有人晒出了高大上的职场成就，有人分享了甜蜜的婚姻生活，还有人刚买了新房……

而我呢？发了一张新年快乐，陆陆续续有人点赞，但我依然单身，事业上没什么突破，租着一套小房子，努力维持着看似体面的生活。点赞的人越多，我的孤独感越深，朋友圈就像一面面镜子，映出了我的平庸。

"你怎么还在原地踏步？"

踏步。只有我还围在原地，别人的新车、新房，

"别人都已经步入人生新阶段了，你呢？"

脑海里的这些声音，让我恨不得关掉手机，逃避一切。每一次我试图振作，总有个声音嘲笑我："算了吧，你再怎么努力也追不上别人。"为什么别人看起来活得那么从容，而我的生活却总被焦虑填满？

▶ 心理反射区

鸟笼效应是心理学家詹姆斯提出的现象，具体来说，当人们意外获得某样物品（或目标）后，会倾向于围绕它调整生活，甚至被其束缚，仿佛一只被困在鸟笼里的鸟。对于成年人而言，这种"鸟笼"可能是高薪职位、完美婚姻、体面生活等，它们代表着社会认同和个人价值。然而，正是这些目标，常常演变成焦虑的根源。

▶ 焦虑实验室

实验名称：孤独焦虑值量化实验

实验背景：那些高光时刻的背影、刷屏的点赞与评论，常常让人不经意间感受到深深的疏离和空虚。为了帮助你更清晰地认识和量化这种因对比而激发的孤独焦虑，我们设计了这场"孤独焦虑值量化实验"，让模糊的情绪变得可测量、可分析。

实验步骤：

1.场景模拟：想象在一个寂静的夜晚，你独自打开手机，浏览朋友

50

圈，面对那一张张精心修饰的生活照。

2.反应记录：在1分钟内，写下你脑海中闪过的三个念头：

我真的被遗忘了吗？

他们的快乐与我无关。

为何每次刷屏只让我觉得更孤单？

3.情绪打分：为每个念头对应的焦虑感打分（0～10分，0=毫无感觉，10=极度焦虑）。

4.数据分析：计算总焦虑值，并根据以下公式进行解读：

①焦虑值≤10分：

你已构建"情绪防护罩"，社交媒体虽有影响，但你依然能感受到内心的温暖。

②10分＜焦虑值≤30分：

你正处"焦虑摇摆区"，需要进一步自我觉察。

③焦虑值＞30分：

你的"焦虑探测器"过于敏感，建议开启"减压模式"。

▶ **我想对你说**

朋友圈就像一个精心布置的舞台，每个人都在上面展示着生活中最光鲜亮丽的一面。然而，隐藏在这些"高光时刻"背后的，往往是压力、挣扎和不为人知的复杂情绪。这些被精挑细选的幸福瞬间，就像一面镜子，映出了我们生活中的平凡与差距，引发深深的焦虑感。刷着屏幕时，我们总是忍不住羡慕别人的成功，却忽略了别人在那些光鲜背后的付出与代价。这种"别人更好、我不够"的对比心理，悄悄地在心里埋下了不安的种子。

现代社会对"完美生活"的追求让人们更容易感到焦虑。社交媒体不断强化着一种标准化的成功路径：多少岁该拥有一份体面的工作、一个温暖的家庭、一套属于自己的房子。这些隐形的社会标准像一张无形的网，把人束缚在追逐目标的奔跑中，不敢停歇，害怕落后。焦虑也深藏于信息的洪流中。刷着朋友圈时，我们总能看到朋友的高光时刻——升职、结婚、旅行、买房，每一个动态似乎都在提醒我们自己过得不够好。这种不断被刺激的状态，就像一颗随时可能引爆的隐形炸弹。与此同时，那些虚拟互动——点赞、评论，看似热闹非凡，实际上却冷冰冰地提醒我们自己的孤独。因为屏幕另一端的热闹，并不能填补现实中的情感空白，反而放大了社交中的孤独感。

▶ **别怕, 向前冲**

那些朋友圈里的高光时刻，只是生活的一部分，不是全部。你看到的并不是真实的"他人生活"，而你脚下的路，才是独属于你的风景。

1.压力当燃料，点燃自己的"逆袭"之路：将对比转化为行动力，不要只是羡慕别人的成功，而是关注自己的步伐，每天完成一点点，就会积

52

累更多可能性。

　　2.把目标拆解成星辰，一颗一颗地收获：把大目标分解成小任务，比如一周完成一个小成就，用实际行动驱散焦虑。

　　3.奖励自己一颗糖，动力满满继续飞：无论多小的进步，都值得庆祝，比如给自己一顿美食、一个自由的下午，让生活充满仪式感。

　　生活不是竞赛，而是旅程；焦虑不是你的宿命，行动才是你的武器。放下焦虑的鸟笼，你就会发现外面的世界有多辽阔，而你本身也有多么不可限量！

10 生活的"钱"景让人步步惊心

▶ **朋友圈里的心事**

　　双十一购物节的倒计时海报铺满了手机屏幕,理财直播间里高喊着"钱放银行就是贬值,学会让钱生钱",商场橱窗挂着"限时折扣,错过再等一年"。广告声此起彼伏,而我,站在奶茶店门口犹豫半天,最终只买了最便宜的无糖绿茶,计算着这周能否省出孩子的绘画班费用。昨晚,电商推送弹出"你的心愿单有新折扣",那台躺了半年的相机,曾是"梦想清单"里的第一位,如今却成了"焦虑标本",最终被我默默点了删除。

　　最讽刺的是连焦虑都要精打细算:刷到"35岁失业"的帖子,第一反

我们正被围在一场集体性的"金钱饥饿游戏"里,越来越难以抽身。

应竟是换算养老金缺口；看到医院缴费单上的数字，会下意识对比存款余额；甚至梦见中彩票，都要在梦里质问自己"税后到底剩多少"。收藏夹里《财务自由入门课》和《薅羊毛攻略》肩并肩吃灰，像两个嘲笑我天真的小丑。

凌晨两点翻到五年前的日记："30岁要带爸妈环游世界"，现在连给父亲买降压药都要比价三个平台。那个躲在花呗分期里的自己，正对着镜子练习"如何优雅地说最近投资亏了"。究竟是从什么时候开始，我们活成了人形计算器？连看一场电影都要把票价折合成"时薪×2小时+爆米花=半天白干"？

▶ 心理反射区

相对剥夺感是由S.A.斯托弗提出的，其后经R.K.默顿的发展，成了一种关于**群体行为**的理论，它是指当人们将**自己的处境与他人比较**时，若感到**自身处于不利地位**，会产生强烈的不公平感和焦虑。社交媒体打造的"**财富橱窗效应**"，让月薪三千的人时刻观摩着月入三万的生活模板，这种认知失调如同给近视者戴上望远镜——明明看不清自己的路，却把别人的远方看得一清二楚。

▶ 焦虑实验室

实验名称："钱"景焦虑值量化实验

实验背景："钱"景常常无声地提醒我们生活成本在不断攀升，每一笔账单、每一次理财APP的提醒，都像是一记无形的重锤，让人不自觉地产生焦虑。为了帮助你直观地认识由金钱压力带来的焦虑，我们设计了这场"'钱'景焦虑值量化实验"，让模糊的情绪变得可测量、可分析。

实验步骤：

1.场景模拟：想象你刚刚收到银行账单或家庭预算报告，面对不断上升的房租、车贷、教育和医疗等支出，你感到一种迫在眉睫的紧迫感。

2.反应记录：在1分钟内，写下你脑海中闪过的三个念头：

我什么时候才能攒够钱？

这么多账单压得我喘不过气。

我的收入永远追不上支出。

3.情绪打分：为每个念头对应的焦虑感打分（0～10分，0=毫无感觉，10=极度焦虑）。

4.数据分析：计算总焦虑值，并根据以下公式进行解读：

①焦虑值≤10分：

你已构建"情绪防护罩"，对金钱问题的担忧较低。

②10分＜焦虑值≤30分：

你处于焦虑摇摆区，需要进一步自我觉察。

③焦虑值＞30分：

你的"焦虑探测器"过于敏感，建议开启"减压模式"。

▶ 我想对你说

我们正被困在一场集体性的"金钱饥饿游戏"里，越来越难以抽身。短视频平台上那些炫目的"00后年入百万"的幻象，仿佛每一条都在提醒我们，若不努力追赶，便会被时代所抛弃。购物节的广告标语如同一道道催命符，"不买就亏"的字眼不断刷屏，刺激着我们本能的焦虑感。即便是日常的亲戚饭局上，讨论的话题也悄悄地变得如此"金钱化"：某个家里的孩子又买了房子，某个朋友的存款数字已经突破了百万，似乎每一个人都在通过金钱来评判生活的优劣。这些声音汇聚成一张密不透风的焦虑网，让我们无法喘息，仿佛在金钱的旋涡中无法自拔。

然而，比那些数字和虚幻的财富更让人窒息的，是那些看不见的隐形标价：体检报告上的异常指标，直接等于三个月的工资；孩子的暑假费用，无形中成了1.5平方米房子的价格；父母那充满期待的微笑，似乎需要我们把年终奖全额奉献出来才能换来。他们不言语，却在无形中加重了我们肩上的压力。每一个选择，每一次支出，都像是一张暗藏的账单，时刻提醒着我们，生活的代价远比想象中高得多。

当"延迟满足"变成了"延迟爆雷"，当远大的"长期规划"被突如其来的"明天裁员"打破，我们开始像松鼠在冬天储存松果那样，焦虑地囤积数字。我们开始拼命计算，担心每一笔支出都可能成为未来生活的沉重负担。即使明知道这些数字最终无法跑赢通胀，无法抵御意外的风险，它们依然像是我们手中唯一能把握的安全感。我们没有时间停下来反思，因为每时每刻都在面临无休止的挑战和压力。

▶ 别怕, 向前冲

金钱不该是丈量生命的游标卡尺，而应是守护幸福的盾牌。与其在焦虑中原地踏步，不如用行动重建对生活的掌控感。

1.给钱包做"断舍离"，而非"大扫除"：审视自己的消费习惯，去除那些不必要的开支，而非一味地削减一切。

2.建立"反焦虑资金池"，哪怕只有杯水车薪：建立一个"反焦虑资金池"，缓解因资金问题带来的焦虑。即使只是小额储蓄，也能为自己提供一份安心，减少对未来不确定性的恐惧。

3.重构"金钱－幸福"公式：幸福是内心的状态，与物质财富的积累之间并没有直接的线性关系，金钱是实现幸福的工具，而非最终目标。

当你站在十年后的时光码头回望，会看见那些攥着计算器失眠的夜晚，那些为小数点后两位较劲的清晨，那些在物欲与理想间摇摆的黄昏——它们不是困住你的铁丝网，而是编织成舟的藤蔓。终有一天，你会驾着这艘用焦虑与勇气共同打造的船，抵达属于自己的平静海湾，到那时，月光洒在不再颤抖的记账本上，每一行数字都将开出一朵小小的花。

第二部分：对抗焦虑
——掌握"不怕"的智慧

01 人生也需要休息站

▶ **朋友圈里的心事** [部分好友可见]

我真的想问问——你们都不困吗?

刚刚把第七版方案第18页的"用户痛点分析"删掉重写时,Allen的折叠床照片突然跳出来,他工位角落支着那个蓝色行军床,旁边堆着三罐红牛,配文"年轻就要醒着拼!"点赞列表里还有大老板的ID。往下划又撞见Lucy在玉龙雪山举着氧气瓶自拍:"断网48小时,满血复活。"评论区清一色"慕了慕了"。

工位隔板突然震了一下,我妈的60秒语音条像定时炸弹:"你张阿

工作报表

23:05

你们都不困吗?
我真的想问问——

60

姨说总熬夜会得癌的！灵芝粉泡了吗？隔壁小陈体检甲状腺结节……"我咬着咖啡杯沿已经结块的奶渍，回了个猫咪打哈欠表情包。对话框顶端的"对方正在输入……"闪了五分钟，最后弹出一句："周六一点，半岛咖啡，对方在税务局工作，作息特别规律。"微信工作群的红点就在这时炸开，项目经理@所有人："紧急新增竞品分析报告，明早十点前同步。"群里瞬间浮起一串"收到"。

其实三小时前我偷偷编辑过一条动态："你们真的不需要休息吗？"配图是窗外凌晨空荡荡的马路和屏幕上密密麻麻的批注红框，现在这条动态还躺在草稿箱。我在想，自己是不是真的需要休息一下了。

▶ 心理反射区

现代社会的"高压型生存模式"正在吞噬我们的生命力。神经科学研究表明，慢性压力会导致前额叶皮层（PFC负责理性决策）的树突萎缩，而杏仁核的突触连接却异常增强，最终形成"恐惧优先"的神经调控优势。在此状态下，大脑会像过热死机的处理器，不断陷入"加班—焦虑—更拼命加班"的恶性循环。这种神经机制的异化，在数字时代被算法精准利用。当短视频平台用15秒刺激多巴胺，办公软件用"已读"标记制造焦虑，我们的大脑实际上在进行一场残酷的负重跑——只不过负重的是不断膨胀的杏仁核。

▶ **焦虑实验室**

实验名称：休息焦虑值量化实验

实验背景：在"永动型人格"主导的社会中，休息常被视为"失败"或"懒惰"的标志，但适度休息能显著提升大脑效能。本实验帮你通过主动停摆对抗焦虑，让休息成为可量化、可操作的"抗焦虑武器"。

实验步骤：

1.场景模拟：想象你刚结束连续3小时的高强度工作，手机弹出5条未读消息，电脑屏幕右下角显示"电池剩余10%"。

2.反应记录：在1分钟内，写下你脑海中闪过的三个念头：

我必须立刻回复消息。

今晚又要熬夜了。

我根本停不下来。

3.情绪打分：为每个念头对应的焦虑感打分（0～10分，0=毫无感觉，10=极度焦虑）。

4.行为实验：设置30分钟倒计时，关闭所有电子设备（手机、电脑、平板），用纸笔写下"此刻我最想做的无用之事"（如叠纸飞机、看云、数绿植叶片），执行该事项并记录身体反应。

5.重启评估：重复步骤1的场景模拟，记录新产生的念头并打分。

6.数据对比：计算两次焦虑值差值。

①焦虑值降幅≥30%：

你的大脑具备强恢复力，可尝试每日两次"微型断电"。

②焦虑值波动＜10%：

你可能已形成"工作成瘾"神经回路，建议重建休息敏感度。

③焦虑值攀升：

反映深度焦虑依赖，需通过渐进式脱敏训练。

▶ **我想对你说**

焦虑是扎根于现代人灵魂深处的藤蔓，它的养分来自对失控的恐惧与对完美的执念。当我们在"先搞定最重要的一件事"面前溃败时，往往并非能力不足，而是被社会编织的"全能神话"绑架了判断力。社交媒体将"斜杠青年""时间管理大师"塑造成人生标配，职场文化鼓吹"24小时待命才是专业态度"，家庭期待又要求我们扮演完美子女或父母——这些无形的标尺堆叠成一座认知牢笼，让人误以为"兼顾一切"才是生存正义。但神经科学早已揭穿谎言：大脑在同时处理多任务时，错误率会飙升50%，血清素（稳定情绪的神经递质）水平下降30%。我们越是强迫自己扮演八爪鱼般的全能角色，越会陷入"什么都想做，什么都做不好"的恶性循环，最终连呼吸都带着焦灼的味道。

更深层的焦虑源于对"休息＝失败"的认知扭曲，社交媒体将他人包装成"全年无休的成功者"，职场文化推崇"凌晨四点的城市"，我们逐渐内化了一种错觉：只有不停地奔跑才配活着。但事实上，那些所谓"高效能人士"的成功秘籍里，都藏着"战略性停摆"的智慧——村上春树写小说前会泡温泉，乔布斯定期闭关冥想，达·芬奇在创作间隙沉迷解剖学研究。

掌握"不怕"的智慧，正是要斩断这种自我苛责的锁链，焦虑的反面不是万无一失的周全，而是允许失控的勇气。就像乔布斯在斯坦福演讲中所说："你无法预先把点滴串联起来，只有在回头看时才会明白。"那些被你暂时搁置的任务、主动放弃的机会，实则是为真正重要的事物腾出生长空间。不必害怕朋友圈里他人的"高光时刻"，那些高光背后的凌乱褶皱从未被展示；不必恐惧选择带来的蝴蝶效应，人生从来不是单行道，而是由无数修正轨迹的瞬间构成。

▶ 别怕，向前冲

当你放下"必须完美"的执念，专注于眼前最关键的"一件事"，焦虑自会如潮水退去，露出坚实的地面——那里站着正在专注奔跑的你，身后是无数被勇气照亮的路标。

1.物理断电仪式：下班前30分钟关闭工作设备，把手机调至勿扰模式，用这段时间整理桌面、泡一杯花草茶，让感官从"工作频道"切换到"放松模式"。

2.创造"心流式休息"：选择能让你完全投入的活动——可以是园艺、拼图，甚至发呆。神经学家发现，当人专注于无功利的目标时，大脑会分泌内啡肽，这种"快乐激素"的修复力远超咖啡因。

3.建立"休息同盟军"：和同事约定"午休神圣不可侵犯"，加入线下读书会培养"离线社交"，甚至养一只宠物作为"强制休息监督员"。当周围环境开始尊重你的休息权，你会获得更强大的心理能量。

人生不是永远要往上爬的登山，而是一场需要合理规划补给的越野赛。那些敢于按下暂停键的人，往往能在重新出发时跑得更快、更远。你的身体里藏着亿万年进化赋予的智慧——它会告诉你什么时候该奔跑，什么时候该躺平。听从内心的声音，偶尔做一回"懒癌患者"，其实是对生命最深刻的致敬。

02 先搞定最重要的一件事

▶ **朋友圈里的心事** [部分好友可见]

打开手机后，待办清单上挂着23个任务：改方案、回客户邮件、给孩子准备秋游便当、预约乳腺检查、整理年度报销单……手机备忘录里还躺着"三个月学会Python""体脂率降到18%""开发小红书副业"的年度计划。刷新朋友圈，高中同桌晒出时间轴手账，彩色时间块精确到五分钟，配文"自律才能自由"——评论区挤满"人间清醒""时间管理天花板"的赞叹。

我瘫在儿童房的地垫上，左手捏着孩子掉落的乐高零件，右手滑动着

购物车里积灰的健身环。iPad突然弹出通知："您关注的博主'高效艾米莉'更新了《5:00AM晨间奇迹》。"屏幕冷光里，未拆封的《断舍离》在书架上落灰，封面上"简化生活"的标语正在嘲笑我。最讽刺的是，草稿箱里存着一条反复编辑的动态："你们是怎么做到既要又要还要的？"配图是散落着玩具和文件的餐桌，以及电脑屏幕上重叠的12个窗口。光标在发送键上徘徊时，突然刷到前同事晒出MBA录取通知："30岁重启人生！"点赞列表里，前上司的头像刺眼地亮着。

购物车里的健身环、书架上的Python网课、收藏夹里的副业攻略——被批量删除的瞬间，我的指尖传来久违的震颤。熄灭手机前，我把朋友圈签名改成："今日进度：1/1。"原来先搞定最重要的一件事，就是从承认"我装不下全世界"开始。

▶ 心理反射区

焦虑的根源，往往不是任务太多，而是价值判断系统瘫痪。心理学中的"决策疲劳"理论指出：人每天做出的每个选择都在消耗意志力资源，当选项超过阈值时，大脑会启动"节能模式"——要么草率决定，要么彻底逃避。社交媒体打造的"六边形战士"人设，职场中"复合型人才"的隐形标准，家庭角色对"完美平衡"的期待，共同编织成一张认知陷阱网——让我们误以为"全盘接收"才是成年人的体面。

67

▶ 焦虑实验室

实验名称：优先级焦虑值量化实验

实验背景：在"多任务并行"的社会文化中，我们常常被待办清单淹没，陷入"什么都想做，什么都做不好"的焦虑状态。本实验通过量化优先级焦虑值，帮助你聚焦核心任务，摆脱"全盘接收"的思维陷阱，找到真正的行动方向。

实验步骤：

1.场景模拟：打开手机或电脑，查看你的待办清单或工作日程，想象你正面临多项任务同时逼近的紧迫感。

2.反应记录：在1分钟内，写下你脑海中闪过的三个念头：

　　　　　　我来不及完成所有任务。

　　　　　如果做不好，我可能会失去机会。

　　　　我总是在忙，但好像什么都没做好。

3.情绪打分：为每个念头对应的焦虑感打分（0～10分，0=毫无感觉，10=极度焦虑）。

4.行为实验：选择一项"重要且紧急"任务，设置30分钟倒计时，专注完成该任务。其间关闭所有干扰源（如手机通知、社交媒体等），并记录执行过程中的身体和心理反应。

5.重启评估：重复步骤1的场景模拟，记录新产生的念头并打分。

6.数据对比：计算两次焦虑值差值。

①焦虑值降幅≥30%：

　　你已成功聚焦核心任务，建议持续使用"四象限法则"筛选任务。

②焦虑值波动<10%：

　　你可能需要重新评估任务的重要性和紧迫性，或调整筛选标准。

③焦虑值攀升：

　　反映深度焦虑依赖，建议重建优先级意识。

▶ 我想对你说

　　现代社会赋予我们许多"理想化"的标准，家庭、职场、社交等多个领域都充满了难以忽视的期望。而这种期望往往源于我们对无法掌控一切的深深恐惧。焦虑，常常是对未知、对失败、对"如果不做到足够好，我就会错失机会或失去控制"的一种反应。

　　然而，与其试图面面俱到，不如聚焦当下，先搞定最重要的一件事。例如，很多人纠结于"等孩子上幼儿园再拼事业"，背后隐藏的并非单纯的"等待"，而是对生活中每个环节都想过度规划、过度控制的恐惧。我们总希望未来会有一个完美的"时机"，一旦条件成熟，所有事情都会顺利进行。然而，现实是，我们期待的"完美时机"往往不会如期而至。真正高效的人，往往不是等万事俱备才开始行动，而是学会优先解决最重要的问题，让事情自然衔接。例如，在职场中，如果当前最重要的是提升核心能力，那么即使家庭琐事尚未完全理顺，也应先把关键技能打磨好。又如，在学习上，与其同时启动多个计划，不如选定一项最能带来突破的任务，集中精力完成，再去应对其他事务。

"不怕"并不等于不努力，而是对不完美和失败的接纳，真正的智慧，往往在于知道自己无法完美掌控一切，而在于学会如何面对这些不确定性并从中找到平衡。我们必须学会舍弃那些次要的、细碎的事务，专注于真正关键的核心目标，通过这种优先级的选择，我们能够最大化地利用自己的精力和资源，在专注的领域内取得最好的结果。"不怕"并非消极地逃避，而是有面对无常与不完美的勇气，是有在内心深处找到平衡的智慧。在这个充满诱惑与压力的世界里，最重要的并不是抓住每个瞬间，而是学会在当下，放下那些无法控制的东西，专注于真正对自己有意义的事。这不仅能有效缓解焦虑，更能带来持久的幸福与内心的平静。

▶ 别怕，向前冲

达·芬奇留给世人的最大遗产，不是《蒙娜丽莎》，而是持续47年未完成的《安吉亚里战役》——他允许自己追逐更重要的事，哪怕被世人诟病为"拖延症患者"，但真相藏在《帕金森定律》中："任务会自动膨胀，直到占满所有可用时间。"那些塞满日程的琐事，不过是逃避核心矛盾的障眼法。就像登山者不断往背包里塞石头，却抱怨山路太陡。

1.晨间黄金时刻：将起床后第一小时设为"黄金时间"，只做与年度核心目标相关的事（如写书、学技能）。

2.设置"选择熔断机制"：当待办事项超过5项时，立即启动"四象限快筛"：立刻做（重要且紧急）、计划做（重要不紧急）、委托做（紧急不重要）、删除做（不重要不紧急）。

3.打造"完成纪念碑"：每完成一项关键任务，就在客厅挂一幅对应成就的视觉符号——可能是孩子画的"妈妈工作图"，或是客户感谢信的截图打印件。

人生不是俄罗斯方块——不需要严丝合缝地填满每个空隙。那些被暂时搁置的"次要完美"，终将在你聚焦的领域开花结果时，自动让出位置。就像修剪玫瑰的园丁，最难的永远不是"怎么剪"，而是"敢不敢剪"。当你咬牙砍掉80%枝叶时，剩下的20%自会绽放出惊心动魄的美。

03 小美好是治愈良药

▶ 朋友圈里的心事　　　　　　　　　　　　　　[部分好友可见]

　　今天看到一位同事分享了自己在瑜伽课后的照片，笑着坐在垫子上，她的配文是："充电三小时，心情爆棚！"我翻了翻评论，里面的点赞和回复几乎都是"真羡慕，活得太有仪式感了！"还有一个留言写："我们要的，就是这样一种活力！"就在我按下点赞的时候，突然刷到了另一个群聊，大家正在热火朝天地讨论今晚的工作安排——"新的项目策划要上马了，大家加油！"每个字眼都充满了对"完美"的期待。

　　接着，我扫了眼自己的待办事项——上面排着的是今天要完成的报

每个人似乎都有那么多值得炫耀的小确幸，旅行、健身、升职、买房，而我，却常常在忙碌中迷失……

72

告、给客户的邮件、写到一半的文章以及准备做的家庭清单——而我还是在沙发上，还没喝完今天的第一杯咖啡。手边堆着一堆未整理的文件，心里甚至开始悄悄嘀咕："我是不是又掉进了拖延的深渊？"这时，我的手机屏幕再次亮了，是一个来自朋友的消息："今天刚买了个新房，终于告别了租房生活，太兴奋了！"在一片无休止的"生活要更好"的信息流中，我开始感到一种深深的焦虑，仿佛自己缺少了什么，仿佛我在生活的赛道上永远在落后。

我甚至在想，为什么我的生活和他们看起来的那么不一样？每个人似乎都有那么多值得炫耀的小美好，旅行、健身、升职、买房，而我，却常常在忙碌中迷失，忘了在这些琐碎的日常中，去感受那些简单而美好的时光。我开始渐渐意识到，或许自己真正需要的，不是去追逐他人生活中的"完美"，而是去发现自己身边的那些微小的、被忽略的小美好。

▶ 心理反射区

心理学家马丁·塞利格曼提出的"积极心理学"理论指出，幸福感并不是通过追求远大的目标获得的，而是来自我们每天的细微体验。当我们关注这些生活中微小的幸福时刻，即小美好时，实际上是在帮助大脑激活那些与幸福感相关的神经回路，而这些小美好的积累，最终能形成深层次的幸福感和满足感。

▶ **焦虑实验室**

实验名称：小美好焦虑值量化实验

实验背景：生活中，我们常常被焦虑裹挟，忽略了生活中的小美好。本实验通过量化小美好对焦虑的影响，帮助你重新发现生活中的微小美好，并将其转化为对抗焦虑的有效工具。

实验步骤：

1.**场景模拟**：想象你刚结束一天忙碌的工作，手机里堆满了未读消息，待办清单上还有多项任务未完成。

2.**反应记录**：在1分钟内，写下你脑海中闪过的三个念头：

我还有很多事没做完。

我总是在干自己不喜欢的事情。

我的生活毫无意义。

3.**情绪打分**：为每个念头对应的焦虑感打分（0～10分，0=毫无感觉，10=极度焦虑）。

4.**行为实验**：选择一件小美好，设置10分钟倒计时，沉浸在这件事带来的美好感受中，可以是通过照片回忆、写下感受，或与朋友分享，记录执行过程中的身体和心理反应。

5.**重启评估**：重复步骤1的场景模拟，记录新产生的念头并打分。

6.**数据对比**：计算两次焦虑值差值。

①焦虑值降幅≥30%：

你已成功通过小美好缓解焦虑，建议每天记录和重温生活中的积极体验。

②焦虑值波动<10%：

　　你可能需要更深入地捕捉和感受小美好，或调整实验方式。

③焦虑值攀升：

　　反映深度焦虑依赖，建议通过渐进式脱敏训练和外部支持重建幸福感。

▶ **我想对你说**

　　焦虑并不是天生的，而是我们对生活过度要求的产物。每当我们陷入焦虑，停下来，看看身边的一切，尝试去发现那些微小的幸福时，心中的焦虑便会悄然散去。就像清晨阳光透过窗帘洒在床单上，或是晚上偶尔和朋友一起聊聊天、听听歌，这些看似不起眼的小事，才是治愈我们心灵的良药。在这个信息过载、竞争激烈的社会中，我们常常感到自己与别人有很大的差距。尤其是在社交媒体的影响下，我们总是看到别人光鲜亮丽的一面，自己却在角落里默默拼搏，感受到无尽的压力。我们把"成功"定义为拥有理想的工作、完美的家庭和物质上的富足，忽视了生活中无数的温暖与美好。焦虑的根源，往往来自对未来的焦虑和对自己的过高要求。我们总是在追求那个理想的自己，却忘记了，生活中最值得珍惜的，其实是那些细小的、看似微不足道的瞬间。

　　小美好并不需要什么庞大的努力或计划，它们就存在于生活的缝隙中，等待我们用心去发现。或许它是一顿热腾腾的晚餐，是久别重逢的

朋友带来的拥抱，或许它是路边一只嬉戏的小狗，它们的存在，让我们的心情在不经意间得到了放松，让我们在一片焦虑的海洋中找到了片刻的平静。这些小美好提醒我们，幸福不是遥不可及的，它就在我们生活的每一天里，只需要我们放慢脚步，用心去感受。我们常常把自己压得喘不过气，却忘记了，幸福从来不是累积的成就，而是我们在漫长生活中的小小积淀，它是一次次心灵的微笑，一次次内心的安宁。

在生活的每个角落，充满着我们忽略的小美好，不需要华丽的包装，也无须精心的设计。它们存在于每一天，藏在每一个不经意的瞬间。当我们试着去放下对未来的恐惧，学会感恩当下的点滴美好时，生活便不再只是苦涩的奋斗，而是一段段温暖的旅程。

▶ 别怕，向前冲

焦虑就像个总爱瞎操心的朋友，老拽着咱们往未知的明天张望。这时候就该掏出生活里那些小美好当定心丸，藏在日常褶皱里的温柔，像雨天便利店借你的透明伞，总能把乱窜的思绪轻轻兜住。下次心里发慌的时候，试着做三次深呼吸，数数今天遇见的三个暖心瞬间，你会听见生活正用最朴素的方言说：别怕，咱们慢慢来。

1.享受"慢"的艺术：每天找一段时间，放下手机，远离工作，沉浸在自然或是与亲友的互动中，即使只是五分钟的安静时光，也足以让你重获能量。

2.小美好的仪式感：无论是一杯精致的下午茶，还是一段与朋友的闲聊，创造一些属于自己的"仪式"，在日常生活中为自己加油打气。

3.感谢当下的美好：每天睡前，列出三件今天让你感到幸福的小事。无论是一次微笑，还是一次成就的喜悦，这些点滴积累，将帮助你建立更积极的心态。

焦虑像总想遮住阳光的乌云，但赶走它不需要万丈光芒。试着收集生活里那些萤火虫般的时刻——通勤路上耳机突然放到最爱的老歌，厨房窗台上薄荷冒出的新芽，或是加班回家发现冰箱里家人留的半块蛋糕。这些零散的温暖会在心里长出小小的锚点，当情绪海浪扑过来时，总能稳稳勾住某个闪着微光的瞬间，就像揣着满兜的星星赶夜路，虽然看不清远方，但每一步都能踩亮细碎的银河。

04 找到自己的节奏点

▶ **朋友圈里的心事** [部分好友可见]

我的日程本快被荧光笔划烂了，6点起床背单词和8点健身打卡挤得像早高峰地铁。手机突然蹦出刺眼的提醒：距离30岁目标清单还剩417天。购物车里那套《时间管理课》，昨晚又取消了——每次刷到00后创业买别墅的推送，手指就会自动点删除，跟条件反射似的。

改计划表，发现午休学Excel和同事生日会撞车了。上周刚交钱的早起群里，第28个人晒了全英文笔记，她照片里那摞没拆封的《经济学人》，跟我床头吃灰的那本简直像双胞胎。最离谱的是洗澡时，手滑点开21天声

我的日程本快被荧光笔划烂了，6点起床背单词和8点健身打卡挤得像早高峰地铁。

音训练营广告，浴室雾气里博主还在喊："现在报名立减500元！"朋友圈突然跳出表妹在冰岛追极光的照片，我正缩在地铁角落，盯着皮鞋上被踩变形的金属扣。手机屏保的倒计时精确到上厕所5分钟，却算不出该先缝内衣脱线的肩带，还是继续跟烫嘴的日语五十音较劲。

直到昨晚煮泡面时，发现冰箱里剩的半根火腿肠，顺手给楼下流浪猫掰了点儿。它蹭我手心时呼噜声震天响，身后锅里的水咕嘟咕嘟冒着泡，楼上传来了小孩背乘法口诀的磕巴声。突然觉得手机里那些倒计时都静音了——原来不用追着别人的时刻表跑，给猫掰火腿肠的这三分钟，就是我今天的黄金档期。

▶ 心理反射区

心理学家赫尔曼·艾宾浩斯的记忆曲线理论提出，在面对信息时，人们往往过于依赖强迫性的复习和快速的"积累"，却忽视了人类大脑的适应性和节奏感。生活中的每个阶段，都会有不同的节奏，而我们如果试图跟着别人走，往往会与自己的内在节奏背离，从而加剧焦虑。而那些能够找到自己节奏的人，往往能够在压力中游刃有余，找到最适合自己的步伐，从容应对。

▶ 焦虑实验室

实验名称：节奏焦虑值量化实验

实验背景： 我们常常被外界的期望和标准推着走，忽略了自己的内在节奏，这种错位会加剧焦虑感，让我们陷入"追赶"的困境。本实验通过量化节奏对焦虑的影响，帮助你找到适合自己的生活节奏，并将其转化为对抗焦虑的有效工具。

实验步骤：

1.**场景模拟：** 想象你正面临多项任务同时逼近的紧迫感，比如工作项目、家庭责任和个人目标。

2.**反应记录：** 在1分钟内，写下你脑海中闪过的三个念头：

> 我来不及完美地完成每一项任务。

> 我一直在追赶别人的步伐。

> 我的生活毫无自己的节奏感。

3.**情绪打分：** 为每个念头对应的焦虑感打分（0～10分，0=毫无感觉，10=极度焦虑）。

4.**行为实验：** 选择一个节奏感良好的时刻，设置15分钟倒计时，重新体验这种节奏感，可以是重复当时的行为（如散步、听歌），或创造类似的氛围（如关掉手机、放慢脚步），记录执行过程中的身体和心理反应。

5.**重启评估：** 重复步骤1的场景模拟，记录新产生的念头并打分。

6.**数据对比：** 计算两次焦虑值差值。

①焦虑值降幅≥30%：

> 你已成功通过节奏感缓解焦虑，建议每天创造和体验适合自己的节奏时刻。

②焦虑值波动<10%：

　　你可能需要更深入地捕捉和感受节奏感，或调整实验方式。

③焦虑值攀升：

　　反映深度焦虑依赖，建议重建任务节奏感。

▶ 我想对你说

　　在现代社会，我们常常把成功和效率作为生活的唯一标准。每天都被各种任务、目标和外界的期望推着走，仿佛生活是一场无休止的竞赛，我们必须时刻保持高速运转，以确保不被甩在后面。这种"急功近利"的心态让我们不断追求更快、更好地完成任务，几乎忘记了生活的节奏感。渐渐地，我们把自己当作"机器"般运转，试图迎合所有的需求和期望，却忽略了内心深处真正渴望的节奏。然而，真正的节奏，并不意味着无休止地奔波与忙碌，而是找到适合自己生活的步伐。在一个急速运转的世界里，我们需要停下来反思，问问自己：这一切究竟是为了什么？生活的节奏感是流动的，它随着时间的推移、情境的变化以及内心的成长而不断调整。每个人都有自己的节奏，找到并尊重这个节奏，才能真正掌握生活的主导权。

　　我们生活在一个信息过载、社交网络普及的时代，每个人都在展示自己的"高光时刻"，我们常常被外部环境的喧嚣所干扰，过多关注他人的进展和成绩，从而忽视了自己内心的感受。我们的节奏不可能完全与他

81

人相同，因为每个人的生活阶段、目标和优先事项都不同。我们需要从自己真实的需求出发，问问自己："今天，我需要怎样的节奏，才能更好地感受到生活的意义？"通过这种反思，我们可以慢慢找到适合自己的节奏点，掌控自己的步伐，而不是被外界的喧闹拖着走。

节奏不是一成不变的，它随着每个阶段的不同而发生变化。我们在生活的不同阶段，有时需要加快步伐，抓住短暂的机会；而有时，我们也需要放慢脚步，给自己一个喘息的空间。这种节奏的变化并非矛盾，而是生活的自然流动。当我们处于忙碌的工作阶段时，可能需要更多的效率和专注；但在个人生活和家庭中，我们可能需要更多的时间去休息、放松和享受。节奏的平衡，就是在这两者之间找到一个合适的切换点，我们不能因为一时的忙碌而忽略了内心的需求，也不能因过于追求放松而忽视了前进的动力。有时候，放慢脚步，停下来深呼吸，感受一下周围的世界，是对自己最好的馈赠。找到适合自己的节奏，不仅能让我们更好地完成任务，更能帮助我们实现内心的平静与满足。无论外界如何喧嚣，我们始终能在自己的节奏中找到那份属于自己的安宁。生活的意义并不在于追求一种外部认同的成功，而是在于能够活出最真实、最自由的自己，找到自己独特的节奏，在每一天的步伐中，感受生命的美好与充实。

▶ 别怕，向前冲

焦虑常常是我们和内心真实需求之间的错位，当我们未能找到适合自己的节奏，生活便变得沉重而不自在。在这个快节奏的时代，我们每个人都可以选择走自己喜欢的步伐，脚步不需要太快，只要稳稳地走下去，终将抵达心中的远方。

1.给自己留白：每天设定合理的目标，不必追求极致的高效，让自己有时间去感受当下的每一刻。比如，给自己一个静默的午休时光，放下所有的工作与焦虑，给自己一个重启的机会。

2.断舍离，放慢生活：从日常的小事做起，学会整理生活，甩掉那些无关紧要的负担，腾出空间，去享受生活中的每一瞬间。这样，你的心灵也会找回自己的节奏点。

3.聆听内心，关注感受：试着每周为自己安排一段独处的时光，静下心来聆听自己的内心声音，探索自己的真实需求，而不是被外界的噪声干扰。真正的节奏点，来自内心深处的平和与安宁。

当你学会倾听内心的声音，生活便不再是一场无休止的赛跑，而是一段可以慢慢品味的旅程。让我们在这条属于自己的路上，坚定地走下去，带着独特的步伐，迈向未来的每一程。就像清晨的第一缕阳光，透过窗帘的缝隙，轻轻唤醒沉睡的你；或是傍晚时分，漫步在熟悉的街道上，感受微风拂过脸庞的温柔。这些细微的瞬间，都是生活给予我们的礼物，提醒我们不必急于求成，只需按照自己的节奏，一步一步向前。

05 让多巴胺成为你的专属盟友

▶ **朋友圈里的心事**　　　　　　　　　　　　　　[部分好友可见]

　　我的书架上，《原子习惯》的塑封膜都结蜘蛛网了，旁边躺着昨晚撕开的巧克力——那可是我发誓看完一章才能吃的奖励，结果甜腻的碎屑还粘在没翻开的扉页上。手机相册里存着23张每日TODO清单截图，最新一张的背单词25分钟后面，跟着四小时悬疑剧截图和奶茶外卖订单。最讽刺的是连放纵都充满负罪感：嚼着薯片计算基础代谢缺口，刷短视频时用三倍速追赶被浪费的时间，连追星都要分屏开着行业分析报告。上周买的计时器还在快递盒里沉睡，它本该监督番茄工作法，现在却和三个月前购入

《原子习惯》的塑封膜都结蜘蛛网了，旁边躺着昨晚撕开的巧克力，那可是我发誓看完一章才能吃的奖励……

的冥想头箍、半年前风靡的打卡日历一起，在储物架上组成自律未遂者纪念碑。镜子里举着手机的身影被分割成两半：右半边是美颜相机里捧着咖啡的ins风少女，左半边还穿着三天没换的睡衣，指尖悬在付费自习室的预约键上颤抖。

直到昨天，我决定换个玩法：既然多巴胺是我的死穴，那就让它成为我的盟友。背完20个单词，奖励自己刷10分钟猫咪视频；写完工作报告，允许追一集悬疑剧；甚至把巧克力分成小块，每完成一个小目标就奖励自己一块。

与其跟自己的欲望死磕，不如学会和它做朋友。让多巴胺成为推动我前进的动力，而不是让我陷入自责的深渊。现在的我，依然会刷剧、吃零食、看萌宠，但也会在享受这些小美好后，心满意足地回到书桌前，继续我的"原子习惯"养成计划。毕竟，生活不是一场非黑即白的战斗，而是一场学会与自己和解的旅程，让多巴胺成为我的专属盟友，在这场旅程中，我们并肩前行。

▶ 心理反射区

多巴胺是大脑中的"奖励信号"，也是驱动我们行为和情绪的重要因素。当我们完成一项任务，或者即使是在设定目标的过程中看到进展时，大脑就会释放多巴胺，让我们感到愉悦和满足。这种"愉悦感"反过来激励我们继续向前，形成一种正向循环。这个机制在很多情况下并不会自动启动，我们需要通过有

意识地调整自己的行为，去引导这个过程，让多巴胺成为推动我们走向成功的动力。然而，很多时候，我们急于达成"大目标"，而忽略了过程中的"小成就"。这种做法导致我们始终处于一个"无止境的追求"中，没有享受任务完成带来的成就感，因此也就无法激活多巴胺，让自己产生源源不断的动力。

▶ **焦虑实验室**

实验名称：多巴胺驱动焦虑值量化实验

实验背景：多巴胺是大脑中的"奖励信号"，它不仅能带来愉悦感，还能激励我们持续行动。本实验通过量化多巴胺对焦虑的影响，帮助我们学会利用多巴胺驱动自己，并将其转化为对抗焦虑的有效工具。

实验步骤：

1.**场景模拟**：想象你正面临一项让你感到焦虑的任务（如工作项目、学习计划等）

2.**反应记录**：在1分钟内，写下你脑海中闪过的三个念头：

> 我一点儿都不想干这个事情。
>
> 我完成任务的速度太慢了。
>
> 我觉得我的努力毫无意义。

3.**情绪打分**：为每个念头对应的焦虑感打分（0~10分，0=毫无感觉，10=极度焦虑）。

4.**行为实验**：选择一个小目标，设置15分钟倒计时，专注完成该目标，完成后立即兑现奖励，并记录执行过程中的身体和心理反应。

5.**重启评估**：重复步骤1的场景模拟，记录新产生的念头并打分。

6.**数据对比**：计算两次焦虑值差值。

①焦虑值降幅≥30%：

你已成功通过多巴胺驱动缓解焦虑，建议每天使用"目标分解+奖励机制"完成任务。

②焦虑值波动<10%：

你可能需要调整目标难度或奖励方式，或更深入地捕捉多巴胺的驱动作用。

③焦虑值攀升：

反映深度焦虑依赖，建议重建多巴胺驱动机制。

▶ **我想对你说**

想让多巴胺成为你的专属盟友，要学会在过程中寻找正向反馈，让大脑主动释放愉悦感，而不是被焦虑驱使前行。多巴胺的秘密在于期待和奖励机制的结合。当你把注意力集中在"过程的乐趣"上，而不是仅仅盯着最终结果，你的大脑会更容易感受到满足。比如，在工作时，不要只想着"完成一份报告"这个最终任务，而是找到让自己投入其中的方式——比如优化排版的美感、发现新观点的乐趣，甚至是一杯热咖啡带来的专注感。这些微小的积极体验，都会触发

多巴胺的释放，让你在完成任务前，就已经开始享受其中的快感。

此外，多巴胺并不是靠"完成"驱动的，而是靠"期待"塑造的。如果你能在日常生活中创造一些让自己期待的时刻，比如在工作前放一首喜欢的歌、在学习时用最爱的笔记本，甚至是在完成一项任务后奖励自己一个舒适的放松时间，你的多巴胺系统就会更愿意配合你，让动力变得更持久。这些活动本身就能给我们带来短暂的愉悦感，从而为接下来的工作和生活积累更多的能量。当我们在生活的每一个小细节中寻找多巴胺的激励源泉时，我们的内心也逐渐变得更加充实和坚定。我们不再为了"完成任务"而焦虑，而是享受任务完成的每一个过程和每一份"奖励"带来的愉悦感。这样，我们的动力会变得更加持久，我们的生活也会变得更加充实。

▶ **别怕，向前冲**

真正的动力，并非外界的催促与压力，而是内心深处那份对目标的渴望，和在不断前行的过程中，所品尝到的每一份满足。许多人活得疲惫，是因为他们在追寻成功的路上，总是急功近利，忘记了享受每一小步的成果。生活本就没有终点，重要的是在追求的途中，我们是否能感受到每一次进步带来的喜悦。

1.设定小而具体的目标：大目标可以分解为多个小目标，每完成一个小目标，便会获得一次奖励，激活多巴胺，带来满足感。

2.创造积极的"奖励机制"：每当达成一个目标时，给自己一个小奖励，比如休息一下，去做自己喜欢的事情，或者享受一顿美食，让自己感受到每一次努力的回报。

3.寻找生活中的小美好：不仅在工作中设定目标，还可以在日常生活中找到让自己开心的小事。无论是散步、看电影、与朋友聚会，还是沉浸在自己的爱好中，这些都是释放多巴胺的方式，帮助我们保持动力。

真正的自律不是苦行僧般的自我折磨，而是学会与自己的欲望和解，找到属于自己的节奏。让多巴胺成为我们的驱动力，在这场旅程中，我们并肩前行，走向那个真正渴望的生活。在这条属于自己的路上，我们不再被外界的标准所束缚，而是听从内心的声音，活出属于自己的精彩。无论外界如何喧嚣，我们只需按照自己的节奏，坚定地走下去，迈向未来的每一程。

06 目标拆小点

▶ **朋友圈里的心事**　　　　　　　　　　[部分好友可见]

　　我的年度计划本第三页都快被翻烂了，三个月瘦20斤的豪言壮志被咖啡渍晕染得像个笑话。手机里躺着七个健身APP，收藏夹里塞着23篇《月入十万副业指南》，书架上《从零到一》的塑封膜都积了一层灰。朋友圈突然弹出前同事的创业融资喜讯，他站在写字楼落地窗前比耶，配文从地下室到CBD的180天。我盯着冰箱上贴的每日早起打卡表，红色叉号连成的锁链正勒紧我的喉咙。最讽刺的是连焦虑都要分期——想学插画怕坚持不了三个月，尝试自媒体担心三个月没流量，报口语班纠结三个月能否流

凌晨三点给闺蜜发秒语音，突然哽咽：我好像永远在起跑线上系鞋带。

利对话。

凌晨三点给闺蜜发秒语音，突然哽咽：我好像永远在起跑线上系鞋带。手机自动转文字生成的句子，像把锋利的手术刀，剖开了所有虚张声势的伪装。既然大目标让我喘不过气，那就把它拆成小目标。三个月瘦20斤太难，那就先从每天多喝一杯水开始；月入十万太遥远，那就先试试每周写一篇小文章；《从零到一》看不完，那就每天读一页，哪怕只读一段也行。

原来，真正的进步不是一蹴而就的飞跃，而是每天迈出的一小步。让目标变得小一点，再小一点，小到不会让我感到压力，小到可以轻松完成。这样，每一个小目标的达成，都会成为推动我前进的动力。在这条属于自己的路上，我不要再被大目标压得喘不过气，而是学会把目标拆小，一步一步向前走。

▶ **心理反射区**

心理学中的"目标梯度效应"告诉我们，随着目标的接近，完成它的动力会显著增加，就像口渴的旅人看到绿洲，突然加速奔跑。大脑的奖励机制会在目标变得具体且接近时，减少焦虑，让我们更专注投入。这也是为何我们在接近终点时，总能充满干劲，每完成一个小目标，都会带来"我离成功更近了"的喜悦。

▶ **焦虑实验室**

实验名称：目标拆解焦虑值量化实验

实验背景：我们时常被那些看似遥不可及的目标所压垮，仿佛站在山脚下仰望巍峨峰顶，心中满是无力感。本实验通过量化目标拆解对焦虑的影响，帮助你学会将任务化整为零，并将其转化为对抗焦虑的有效工具。

实验步骤：

1.场景模拟：想象你正面临一项让你感到焦虑的重大任务（如职业转型、减重目标、学习计划等）。

2.反映记录：写下此刻脑海中最强烈的三个念头：

　　　　我根本不可能完成这个任务。

　　　　这个目标太遥远了，我无从下手。

　　　　我的效率太低了。

3.情绪打分：为每个念头对应的焦虑感打分（0～10分，0=毫无感觉，10=极度焦虑）。

4.行为实验：选择一个小目标，设置15分钟倒计时，专注完成该目标，完成后立即记录执行过程中的身体和心理反应。

5.重启评估：重复步骤1的场景模拟，记录新产生的念头并打分。

6.数据对比：计算两次焦虑值差值。

①焦虑值降幅≥30%：

　　　　你已成功通过目标拆解缓解焦虑，建议每天使用"目标拆解"工具管理任务。

②焦虑值波动<10%：

你可能需要调整目标难度或拆解方式，或更深入地捕捉目标拆解的作用。

③焦虑值攀升：

反映深度焦虑依赖，建议重建目标拆解机制。

▶ 我想对你说

焦虑的本质，是一种对未来不确定性的情绪反应，它往往源于我们对目标的过高期待和对失败的恐惧。当我们设定一个宏大的目标时，比如"三个月瘦20斤"或"月入十万"，大脑会本能地评估这个目标的难度和可行性。如果目标过于庞大或遥远，大脑会感到迷茫和无助，因为它无法清晰地看到实现目标的路径，这种不确定性会触发我们的"战斗或逃跑"反应，导致焦虑情绪的产生。与此同时，社会比较也在加剧这种焦虑。朋友圈、社交媒体不断向我们展示他人的"成功"——创业融资、升职加薪、环球旅行，这些信息会让我们产生"被抛弃"的错觉，进一步加剧焦虑。我们害怕自己落后，害怕达不到社会或自我设定的标准，于是陷入一种"我必须立刻成功"的紧迫感中。

通过"目标拆小点"，我们可以有效缓解焦虑，并逐步实现目标。

这种方法的核心在于将宏大的目标分解为具体、可操作的小目标。比如，将"三个月瘦20斤"拆解为"每天多喝一杯水""每周运动三次""每餐减少100卡路里"；将"月入十万"拆解为"每周写一篇小文章""每月学习一项新技能""每季度拓展一个新客户"。小目标更容易被大脑理解和处理，减少了因目标过于庞大而产生的迷茫感，每完成一个小目标，我们都会感到"我做到了"，这种控制感会减少焦虑，增强自信。同时，每完成一个小目标，大脑会释放多巴胺，带来愉悦感和成就感，形成正向反馈循环。小目标让我们更容易感受到"离成功更近了"，从而激发更强的行动力。

目标拆小并不是降低标准，而是为了让目标更贴近现实，更符合我们的能力和节奏。它让我们从"我必须立刻成功"的焦虑中解脱出来，转而专注于"我今天可以做什么"的具体行动。在这条属于自己的路上，你不需要追赶别人的脚步，只需按照自己的节奏，坚定地走下去。焦虑会慢慢消散，取而代之的是一种从容与自信。让目标拆小成为你的工具，用它来化解焦虑，点燃动力，一步一步走向你真正渴望的生活。

▶ **别怕，向前冲**

下次刷到别人光鲜的照片时，试着想象他们手机相册里另外999张废片。就像你只看见孔雀开屏的绚烂，却不知道它背后光秃秃的屁股——这才是生活的真相。与其焦虑别人怎么突然跑到了山顶，不如低头看看自己脚下的台阶：是不是该先系紧鞋带？要不要喝口水？能不能把爬到山顶改成走到前面那棵松树？

1.给目标装上进度条：像游戏设计师般拆分人生任务。把年读50本书变成每周沉浸阅读3小时，让存款十万化为每日自动扣款27元。

2.建立里程碑博物馆：在玄关处挂上月历，用荧光贴标记每个微小的胜利——可能是完整听完的播客，或是拒绝的无效社交。

3.启动五分钟法则引擎：面对庞杂任务时，承诺只做五分钟，行动本身会重塑大脑回路，将我好怕转化为我可以。

那些被拆解的目标碎片，终将在时光的拼图里显现完整图景。就像敦煌壁画上的飞天，每一笔金粉的脱落都无损其神韵，反而在岁月流转中沉淀出更震撼的美。当你学会用显微镜看待进程，用望远镜展望未来，焦虑自会化作推动风车的和风——温柔却坚定地，带你走向心之所向的远方。

07 第一步才是关键

▶ **朋友圈里的心事**　　　　　　　　　　

　　新买的瑜伽垫在墙角卷成一团，像个沉默的茧，封面上21天蜕变计划的字样已经落了一层灰。抽屉最底层躺着那本封面写着"从零开始"的笔记本，书页崭新得刺眼。收藏夹里零基础油画教程的链接已经泛黄，购物车里的编程课在促销倒计时里红了三天又三天，我始终没按下付款键。上周咬牙买的智能手环，此刻正躺在床头柜上闪烁——它记录过最长的运动时长，是取快递时误触的12分钟。

　　深夜刷到大学同学晒出插画师认证证书，指尖悬在点赞键上迟迟按

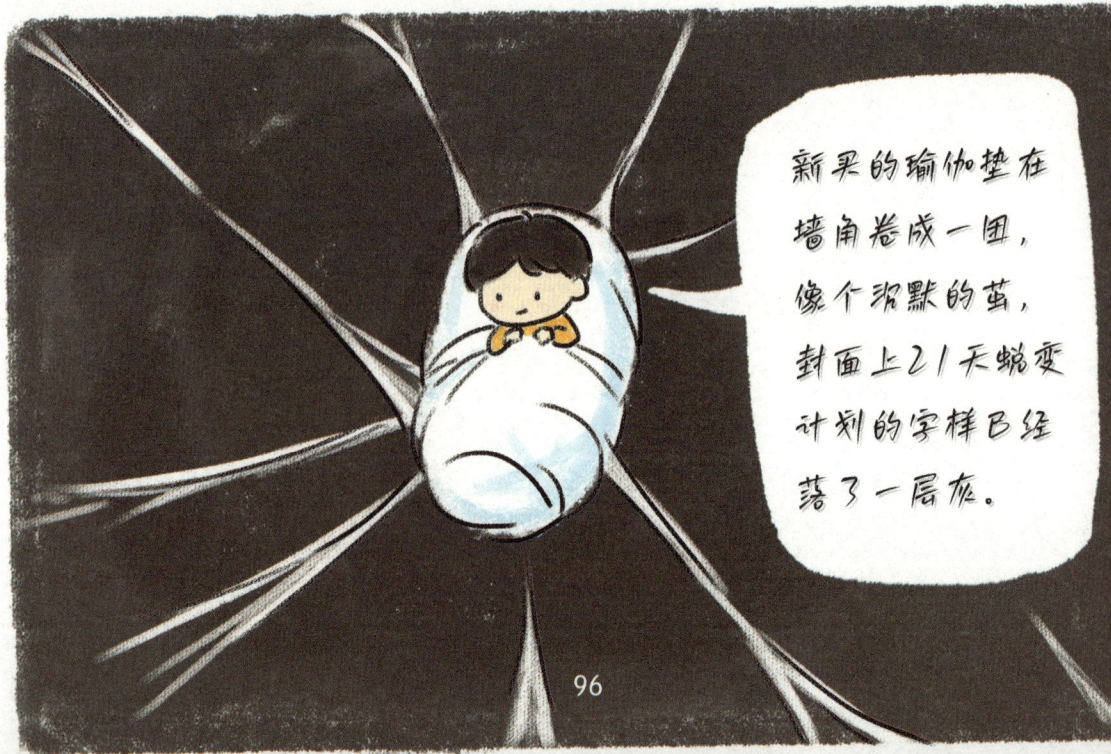

新买的瑜伽垫在墙角卷成一团，像个沉默的茧，封面上21天蜕变计划的字样已经落了一层灰。

不下去。相册里还存着去年画的歪脖子向日葵，颜料干涸在调色盘上的褶皱，像极了被揉皱的勇气。最扎心的是连懊悔都陷入死循环：想重拾英语怕发音不标准，打算考证书担心年龄超标，尝试写小说又卡在给主角起名的第一关。镜子里的自己仿佛被按下暂停键，身后却传来此起彼伏的快进声。

躺在床上，我想了想，与其被完美开始的执念困住，不如先迈出第一步，哪怕是不完美的一步。瑜伽垫不用等到21天计划的第一天再铺开，今天就可以在上面躺五分钟；油画教程不用等到买齐所有颜料再开始，先用铅笔随便画几笔；编程课不用等到完全准备好再报名，先试听一节课看看。真正的改变不是从完美的计划开始，而是从笨拙的第一步开始，在这条属于自己的路上，我要学着不被完美的开始困住，学会接受不完美的第一步。

▶ 心理反射区

行为心理学中的"飞轮效应"告诉我们，启动往往是最难的，但一旦迈出第一步，后续的行动会变得越来越轻松。就像推动一个静止的飞轮，最初需要花费很大的力气，但随着飞轮开始转动，惯性会让它越来越快，最终几乎不需要额外的力量就能保持运转。这个效应揭示了行动的关键：第一步才是最重要的。这就是为什么我们常困在万事俱备只欠东风的怪圈里，因为大脑在等待一个足够强烈的启动信号。

焦虑实验室

实验名称：第一步焦虑值量化实验

实验背景：我们常常被"万事俱备"的执念困住，迟迟无法迈出第一步，开始行动往往是最难的，但一旦迈出第一步，后续的行动会变得越来越轻松。本实验通过量化第一步对焦虑的影响，帮助你克服启动障碍，并将其转化为对抗焦虑的有效工具。

实验步骤：

1.场景模拟：想象你正面临一项让你感到焦虑的任务（如学习新技能、开始健身、写作等）。

2.反应记录：在1分钟内，写下你脑海中闪过的三个念头：

现在开始太早，失败了怎么办？

我担心第一步会失败。

我不知道从哪儿开始。

3.情绪打分：为每个念头对应的焦虑感打分（0~10分，0=毫无感觉，10=极度焦虑）。

4.行为实验：选择一项"第一步"，并记录执行过程中的身体和心理反应。

5.重启评估：重复步骤1的场景模拟，记录新产生的念头并打分。

6.数据对比：计算两次焦虑值差值。

①焦虑值降幅≥30%：

你已成功通过迈出第一步缓解焦虑，建议每天使用"第一步拆解"工具启动行动。

②焦虑值波动<10%：

　　你可能需要调整第一步的难度或拆解方式，或更深入地捕捉第一步的作用。

③焦虑值攀升：

　　反映深度焦虑依赖，建议重建启动第一步机制。

▶ **我想对你说**

　　焦虑常常来源于我们对"开始"的执念，它像一座高墙，将我们与真正的行动隔开。我们总是幻想，等到所有条件成熟、资源齐备、方向明确时再出发，殊不知，这种等待本身就是最大的阻碍。真正重要的是迈出第一步的勇气。很多时候，我们看到他人的成就，误以为他们的成功来自充分的准备，却忽略了他们成长过程中那些不完美的尝试、试错和调整。相比之下，我们却陷入"如果我早点开始"的自责，或被"选哪个更好"的伪命题拖住脚步，迟迟不愿行动。

　　最具破坏性的，是我们让"未开始"变成一种负担——瑜伽垫积满灰尘，变成自律缺失的证据；新买的笔记本空白无字，反而成了不敢动笔的提醒；收藏夹里的教程链接堆积如山，像一座未曾涉足的知识墓碑。我们以为自己在等待更好的时机，实际上，是被对不确定性的恐惧束缚住了。

　　事实上，真正决定成败的，是那个不完美却真实的"第一步"。哪怕只是翻开书的首页、做一次简单的尝试、写下第一个想法，都会让行动的齿轮开始转动。当我们真正踏出第一步，后续的一切才会随之展开，方向可以调整，策略可以优化，但如果连第一步都迟迟不肯迈出，一切都只是空想。所以，与其苦苦追求完美的起点，不如专注于当下，问问自己："我现在能做的最简单的一步是什么？"只要迈出这一步，剩下的路，自然会延伸出来。

▶ 别怕，向前冲

生活不是等待风暴过去的躲藏，而是学会在雨中起舞的勇气。那些被我们无限放大的困难，往往只是因为我们迟迟没有迈出第一步，就像跑步时最累的不是中途，而是起跑前的犹豫；写作时最难的不是写完整本书，而是写下第一个字。

1.给启动键涂上润滑油：把明天开始换成现在能做的最小动作。想健身就原地做五个深蹲，要读书先翻开目录页画颗星星。

2.允许第一笔是丑的：新建文档直接打上这段可能很烂，画布先泼片混沌的底色。完成比完美更重要。

3.制造启动惯性：在固定场景设置行动触发器，比如晨起后立刻铺开瑜伽垫，通勤时自动播放外语播客。

　　那些在起跑线徘徊的时光，终将成为未来故事里最动人的伏笔。就像老照片边角的模糊光影，当时觉得是瑕疵，多年后回看却是独一无二的景深。当你终于肯弯腰系好鞋带，整个世界都会变成助跑的风——它裹挟着晨露、星辉与未拆封的可能性，正轻轻推着你的后背向前。

08 调整心态轻装上阵

▶ **朋友圈里的心事**　　　　　　　　　　　　　　**[部分好友可见]**

　　我那个素描本啊，扉页上临摹的凡·高星空画到第三笔就搁那儿了。48色马克笔在盒子里排成彩虹队形，结果连张便笺纸都没染过色。手机里那个《三十天油画入门计划》的备忘录，上次打开还是立春啃春饼的时候。上周半夜激情下单的陶艺课，现在和待收货里的除螨仪肩并肩——每次看到预约提醒，我都跟它说等周末不加班就宠幸你。

　　昨天凌晨刷到前室友的咖啡拉花视频，那奶泡天鹅的脖子比我的人生规划还优雅。冰箱里那袋咖啡豆都潮成速溶款了，还记得三个月前我举

我背着塞满"等买齐装备就去徒步、等学会构图就约拍"的登山包，在客厅地毯上原地踏了八百天的步。

着手冲壶说要当朋友圈咖啡大师的豪言壮语。最扎心的是上个月做提拉米苏，裱花袋炸开的奶油糊了半面墙；旅行攻略写了三十版还在纠结第一天上午先去车站寄存行李还是先买奶茶；新买的单反现在主要功能是给猫拍表情包。

刚才照镜子突然笑出声——我背着塞满"等买齐装备就去徒步、等学会构图就约拍"的登山包，在客厅地毯上原地踏了八百天的步。那些碎石般的好主意，压得拉链都快崩开了。现在把包咣当往地上一倒：画歪的星空也是星空，奶油抹墙算装置艺术，攻略只写第一天上午就只玩半天又何妨？与其等天鹅颈拉花，不如先泡明白三顿半。那些没开封的颜料、没捏的陶土、没按的快门，不是欠债，是等着我随时拆封的彩蛋啊。

▶ 心理反射区

我们所面临的这种"未完成任务"的焦虑，实际上与心理学中的蔡格尼克记忆效应有关，人们在未完成的任务上会比已完成的任务更有强烈的记忆和关注。这种现象在我们日常生活中表现得尤为明显——那些未做完的计划、未开始的爱好，甚至是没有完成的梦想，常常在我们的心头萦绕，给我们带来不小的焦虑和压力。对于大多数人来说，这种未完成的感受产生了一种"心里有个坑"的感觉，始终无法满足那份内心的完美期待。

▶ **焦虑实验室**

实验名称：心态调整焦虑值量化实验

实验背景：在"完美主义"盛行的社会中，我们常常被未完成的任务和过高的期望压得喘不过气，忽略了心态调整对缓解焦虑的作用。本实验通过量化心态调整对焦虑的影响，帮助你学会轻装上阵，并将其转化为对抗焦虑的有效工具。

实验步骤：

1.场景模拟：想象你正面临一项让你感到焦虑的任务（如未完成的计划、未开始的爱好等）。

2.反应记录：在1分钟内，写下你脑海中闪过的三个念头：

> 我还没准备好。

> 我担心会失败。

> 我不知道怎么调整自己的心态。

3.情绪打分：为每个念头对应的焦虑感打分（0～10分，0=毫无感觉，10=极度焦虑）。

4.行为实验：选择一种心态调整方式，并记录执行过程中的身体和心理反应。

5.重启评估：重复步骤1的场景模拟，记录新产生的念头并打分。

6.数据对比：计算两次焦虑值差值。

①焦虑值降幅≥30%：

> 你已成功通过心态调整缓解焦虑，建议每天使用"心态调整"工具管理情绪。

②焦虑值波动＜10%：

你可能需要调整心态调整方式，更深入地捕捉心态调整的作用。

③焦虑值攀升：

反映深度焦虑依赖，建议重建心态调整机制。

▶ **我想对你说**

社会和他人生活中的"高光时刻"时刻提醒我们，似乎生活的标准就是完美无缺，而每一次的挫折都可能是我们与成功之间不可逾越的鸿沟。当我们把他人的成功视为自己的失败时，焦虑便悄然而至。然而，生活的真相远比我们所看到的更加复杂。每个人的成功背后，都是无数个不为人知的努力与坚持。朋友圈里分享的美好瞬间，只是生活的表面，而那些无法在屏幕上展示的奋斗与成长，才是背后最真实的力量。每个人的道路都不同，我们所看到的只是别人"最完美"的部分，但却忽略了他们也是从不完美中走来，经历了无数次的尝试和失败。

我们往往对自己过于苛刻，把生活的每个细节都放大，期望能达到他人设定的标准。然而，我们所忽视的是，成功并非一步到位，而是一个逐渐积累、不断调整的过程。焦虑的来源并非因为做得不够，而是因为我们过度注重结果，而忽视了过程中的成长与变化。不必等待完美的时机，也不需要每一件事都做到极致。重要的是开始，不论是在客厅里踏步，还是随手涂抹几笔，或者先泡好咖啡。每一个看似简单、随意的动作，都会为我们的心理带来释放，最终化解那些不必要的焦虑。通过这些小小的"行动"，我们实际上是在完成自己的心灵任务，给自己带来实实在在的心理满足感，逐渐放下背包里的压力。

▶ 别怕，向前冲

生活不是一场需要快速完成的竞赛，而是一段漫长的旅程。在这段旅程中，每一步的坚持、每一个微小的进步，都是值得庆祝的成就，为了突破焦虑，我们需要学会接纳不完美，给自己更多的空间去尝试和成长。

1.设定小而实际的目标：我们常常因为追求远大的目标而迷失，但小目标的实现会带来成就感，逐步积累自信。每完成一件小事，都是离梦想更进一步的证明，也让焦虑的阴霾逐渐散去。

2.避免过度对比，专注于自己的步伐：焦虑的另一个来源是对比。我们总是无意识地羡慕别人，却忽视了每个人都有自己的节奏和轨迹。真正重要的不是别人走得多快，而是你在自己的路上，走得踏实而坚定。

3.学会放松，给自己留白：生活中的每一刻并不需要都在忙碌中度过。适时的放松与休息，能让我们重拾力量，焕发新的活力。让自己从繁忙的事务中抽离出来，做一些让自己快乐的事，才能为未来的努力注入更多的能量。

焦虑并不可怕，它只是我们面对未来的自然反应。当我们学会与焦虑共处、接纳不完美，我们便能在过程中获得力量，从每一次的尝试中积累成长。生活的意义不在于达到完美，而在于我们勇敢面对自己的不完美，敢于迈出每一步，即使前方的路依然迷茫。放下焦虑，脚踏实地走下去，未来会因你的坚持而闪耀。

09 学会说"不"

▶ **朋友圈里的心事**　　　　　　　　　　　　　　　[部分好友可见]

上周三加班到九点半，拐进全家买关东煮时，店员小妹突然抬头问我：姐，新出的香菜奶茶试喝装要吗？我盯着她马尾辫上晃动的皮卡丘发圈，那句"不用了，谢谢！"在喉咙里滚了三圈，最后变成那……来一杯吧。这已经是我本周第七次妥协。出租车上捧着诡异的绿色液体，突然想起上个月在健身房更衣室，私教把体测表拍得啪啪响：王姐你这肌肉量，得再加十节拳击课啊，而我咽下的那句"不需要"，最终变成信用卡又被划走五千八。

雨水顺着玻璃蜿蜒成河，我突然冲着反光里的自己说：明天起，我要开始练习说不……

当我第N次蹲在茶水间帮同事改PPT时，电脑右下角弹出母亲发来的养生文章：《孝顺女儿就该每周陪父母体检》。雨水顺着玻璃蜿蜒成河，我突然对着反光里的自己说："明天起，我要开始练习说'不'。"现在的我依然会买错奶茶，但开始懂得在同事推来额外工作时，指着日程表说这部分需要延后处理；面对健身教练的推销，能晃着手机里的运动APP笑答"暂时不需要课程"；甚至上周婉拒了亲戚安排的相亲——虽然被母亲念叨了三天，但那种轻盈感，像褪下穿了十年的羽绒服跳进春风里。

▶ 心理反射区

心理学家鲍迈斯特提出自我损耗理论，当人们在某个任务中需要大量自我控制时，他们在随后的任务中表现会变差。当我们不断说"是"并应对外界的各种要求时，我们的大脑和情绪资源就像肌肉一样，逐渐变得疲惫。每一次的妥协，都会消耗一部分心理能量，导致我们在处理后续任务时变得更容易感到疲惫和情绪低落。

▶ 焦虑实验室

实验名称：拒绝焦虑值量化实验

实验背景：在这个时代，内心承受着无形的重压，却忽视了"拒绝"这一行为对释放焦虑的疗愈力量。本实验通过量化拒绝对焦虑的影响，帮助你学会设定健康的边界，并将其转化为对抗焦虑的有效工具。

实验步骤：

1.场景模拟： 想象你正面临一项让你感到焦虑的请求（如额外的工作任务、社交活动、推销等）。

2.反应记录： 在1分钟内，写下你脑海中闪过的三个念头：

我担心拒绝会让别人失望。

我害怕拒绝会破坏关系。

我觉得自己应该答应她。

3.情绪打分： 为每个念头对应的焦虑感打分（0～10分，0=毫无感觉，10=极度焦虑）。

4.行为实验： 选择一种拒绝方式，记录执行过程中的身体和心理反应。

5.重启评估： 重复步骤1的场景模拟，记录新产生的念头并打分。

6.数据对比： 计算两次焦虑值差值。

①焦虑值降幅≥30%：

你已成功通过拒绝缓解焦虑，建议每天使用"拒绝练习"工具管理情绪。

②焦虑值波动<10%：

你可能需要调整拒绝方式，或更深入地捕捉拒绝的作用。

③焦虑值攀升：

反映深度焦虑依赖，建议重建拒绝机制。

▶ 我想对你说

焦虑的来源往往是内外压力的交织，它通常出现在我们感到自己无法控制的情境中——当我们无法满足他人的期望或对自我目标感到无法实现时，焦虑便悄然而至。担心一旦说"不"，就会失去他人对我们的认可或关系的和谐，而这种焦虑，源自我们内心深处的不安全感和对"完美"自我形象的过度追求。我们害怕拒绝他人，害怕被视为自私或不合群，甚至害怕承担拒绝后可能产生的后果，这种焦虑常常让我们陷入一个无尽的循环——我们不断牺牲自己的时间、精力和情感，却最终感到更加疲惫和空虚。

当我们开始拒绝那些不合适的、非必须的要求时，我们实际上是在恢复自我控制权，重新找回生活的节奏。学会拒绝，并不是冷漠或拒绝关爱，而是给自己设置健康的边界，保护自己的情感和精力。更重要的是，学会说"不"能打破"焦虑即行动"的错误循环。当我们不断妥协，总是将他人的需求置于自己需求之上时，我们的大脑和情感就像一台超负荷运转的机器，无法保持平衡，容易产生焦虑。而当我们拒绝时，我们的内心逐渐感到轻松和满足，焦虑感也随之减轻。拒绝并不是无情的拒绝，而是通过选择性地承担责任，减轻自己的心理负担，让自己有更多的空间去追求真正重要的事情。

学会说"不"不仅是在应对他人的要求时保护自己，更是在与自己内心的焦虑做斗争。当我们能够勇敢地说"不"，我们也在向自己传递一种信息：我有权选择，甚至放弃不符合自己需求的事情。这种自我赋能的行为，最终会让我们更加从容地面对生活中的种种挑战，减少无谓的焦虑，享受更自由、轻松的心态。

▶ 别怕，向前冲

当你在晨光里挑选彩色纽扣，指尖摩挲过5%勇气的磨砂纹路，那些被咽下的拒绝正化作溪流奔向玻璃罐；当揉皱的焦虑纸团划破黄昏，惊飞的麻雀驮着应该飞向云霞；当电梯里那句今天要准时回家落地生根，你突然发现——原来守护边界的声音，可以像蒲公英般轻盈却有力。

1.制定明确的拒绝目标：设定小而具体的拒绝目标来逐步增强自己的边界感。每完成一次拒绝，给予自己适当的奖励，并记下自己的进步。

2.实践渐进的拒绝训练：从简单的"我不能"或"我不需要"开始，逐渐练习对各种请求说"不"。

3.将焦虑转化为具体行动：当你感到焦虑时，立即用一只手写下你的焦虑事项，另一只手将其揉成纸团，直至纸团不再有形，可以在周末将它们带到公园或者开阔空间，象征性地将这些焦虑抛掷出去。

不必把"不"字锻造成重剑，它可以是纽扣风铃摇碎的月光，可以是面包房玻璃的雾气涂鸦，可以是纸团落地扬起的细碎金尘。那些被妥协作抵押物的生命力，正沿着拒绝的裂缝汩汩回流，漫过心田干涸的沟壑。

10 跑步、瑜伽、跳舞，动起来焦虑就没了

▶ **朋友圈里的心事** [部分好友可见]

凌晨五点的路灯像一串发霉的橘子，我蹲在小区长椅上啃着冷掉的三明治，手机屏幕上是凌晨三点发出去的方案批注，甲方用红色字体圈出"缺乏创意"。朋友圈突然跳出大学室友的晨跑打卡，她站在江边栈道逆光跳跃，配文"跑完十公里，焦虑清零！"点赞列表里，前男友的头像刺眼地亮着。我低头看自己磨破的拖鞋，脚踝上还贴着上周摔伤的膏药，突然想起抽屉里那张过期半年的健身卡。

突然有一天，我决定改变一下自己的节奏。那天早晨，看到朋友圈里

我决定不再躺在床上焦虑，而是去跑步，去做瑜伽，去跳舞——动起来，或许可以让焦虑离我远一些。

的好友发布了一张自己在晨跑时拍的照片，她的配文是："跑步让身体活跃，更让心灵放松。"这句话突然触动了我。我曾经听说过运动对心理健康的好处，但从未亲身去尝试过。于是，我决定不再躺在床上焦虑，而是去跑步，去做瑜伽，去跳舞——动起来，或许可以让焦虑离我远一些。

▶ 心理反射区

运动通过促进内啡肽、多巴胺等神经递质释放，协同改善情绪。跑步、游泳、跳舞等规律性有氧运动，配合瑜伽的呼吸调节，可多维度改善神经系统功能。高强度运动后，副交感神经活性增强，抑制杏仁核过度反应，降低焦虑相关生理指标（如皮肤电导率、唾液皮质醇）。当我们被外界压力压得喘不过气时，运动成了我们与内心平静之间的桥梁。每一次深呼吸，每一次心跳加速，都让我们重新感受到自我控制的力量，逐步摆脱焦虑带来的束缚。

▶ 焦虑实验室

实验名称：运动焦虑值量化实验

实验背景：在这个充满压力的社会中，我们常常被焦虑情绪困扰，忽略了运动对缓解焦虑的作用。本实验通过量化运动对焦虑的影响，帮助你找到适合自己的运动方式，并将其转化为对抗焦虑的有效工具。

实验步骤：

1.**场景模拟：**想象你正面临一项让你感到焦虑的情境（如工作压力、

人际关系、未来不确定性等）。

2.反应记录：在1分钟内，写下你脑海中闪过的三个念头：

我担心自己无法完成领导安排的任务。

我害怕别人对我的负面评价。

我觉得自己无法控制局面了。

3.情绪打分：为每个念头对应的焦虑感打分（0～10分，0=毫无感觉，10=极度焦虑）。

4.行为实验：选择一种你喜欢的运动方式（如跑步、瑜伽、跳舞等），并设定一个运动时间（如20分钟），开始运动，并记录运动过程中的身体和心理反应。

5.重启评估：重复步骤1的场景模拟，记录新产生的念头并打分。

6.数据对比：计算两次焦虑值差值。

①焦虑值降幅≥30%：

你已成功通过运动缓解焦虑，建议每天坚持运动。

②焦虑值波动<10%：

你可能需要调整运动方式或时间，或更深入地捕捉运动的作用。

③焦虑值攀升：

反映深度焦虑依赖，建议重建运动机制。

▶ **我想对你说**

焦虑，往往来自我们无法控制的外界因素和我们内心对不确定性的恐惧。在这个充满变数的世界里，我们面临着无数的不确定性。我们焦虑于无法完成所有任务、无法达到完美的标准、无法符合他人或社会的期待。无论是职场的压力、家庭的责任，还是社交的要求，都时刻让我们感到重负，仿佛每时每刻都在不断地被推向一个无法达成的高峰。而这种焦虑往往并非来自真正的能力不足，而是因为我们对自己设定的标准过高，渴望做到"完美无缺"。我们总是期待自己能完美应对一切，做到事事尽善尽美，然而却忽视了生活本身的复杂与不完美。真正的问题是，我们未曾意识到，完美从来不是人生的常态，面对不完美，我们应学会接纳。

此时，运动成了一种简单而有力的解药。无论是跑步、瑜伽还是跳舞，它们提供的不仅仅是身体上的锻炼，更是一种心理的释放。当我们全身心投入到运动中时，注意力被从那些焦虑和压力源中抽离出来，转而聚焦在自己的身体和呼吸上。每一步的迈出，每一秒的深呼吸，都帮助我们将紧张的情绪释放出去，逐渐洗净内心的杂乱与焦虑。

运动让我们的身体得到锻炼，更重要的是，它帮助我们重新看待焦虑。每一次的运动，都是一次自我肯定的过程。它让我们明白，焦虑并非无法避免的敌人，而是一种可以被转化为动力的情绪。当我们动起来时，我们不仅在改善身体健康，更多地是在告诉自己："我有能力应对压力，我能通过自己的行动改变现状。"这种通过运动建立起来的自信，可以有效缓解当下的焦虑，更能够为我们在未来的挑战中提供动力。这是一种正向的心理暗示，它帮助我们逐步走出焦虑的阴影，变得更加坚定和自信。这种信心的积累，正是应对焦虑的关键。每一次跑步的坚持，每一次瑜伽的深呼吸，每一次舞蹈的起舞，都是对自己的一次胜利，焦虑的情绪不再是压倒一切的力量，而是成为我们积极行动的催化剂。

▶ 别怕，向前冲

当你在跑步机上挥汗如雨，皮质醇随着步频逐渐代谢；当你在瑜伽垫上舒展身体，过度活跃的杏仁核暂时休眠；当舞步打碎既定节奏，内啡肽的鸡尾酒冲刷着焦虑的沟壑——动起来的每一刻，都在用身体语言重构对生活的掌控感。

1.设定运动目标：焦虑源于目标过于庞大或模糊。在运动中，可以通过设定小而具体的目标来增强自信心。例如，先设定每天跑步30分钟，逐渐增加时间和距离。

2.结合冥想练习：瑜伽可以舒展我们的身体，更能让我们深入冥想，清理内心的杂乱。每天花10分钟做冥想，放松身体，集中注意力在呼吸上。

3.找到合适的运动方式：不是每个人都适合跑步或健身房锻炼，找一种你喜欢的运动方式，或许是跳舞、游泳、徒步旅行，甚至是简单的散步。

　　不必追赶谁的速度，就像山溪自有它的蜿蜒。在黄昏的环形跑道上一圈圈沉淀心事，让急促的呼吸与蝉鸣共振成夏日的诗。某个汗湿衣背的归途，你会突然发现，晾在阳台的运动鞋盛着半盏月光，而心底那只扑棱的雀儿，早已栖在暮色浸染的枝头。生活从来不是待解的难题，而是赤脚踏过溪水时，脚背上跃动的粼粼波光。继续向前走吧，让每个毛孔都成为接收星光的容器，让明天的自己，能接住此刻奔跑时遗落在风里的勇气。

第三部分：超越焦虑
——拥抱"无畏"的人生

01 让希望改写人生剧本

▶ 朋友圈里的心事　　　　　　　　[所有人可见]

"允许人生卡带，但绝不退场。"

三年前的今天，我发过一条仅自己可见的动态："活着就像在碎玻璃上跳舞，每一步都疼却不敢停。"配图是堆满药盒的床头柜和电脑蓝光里浮肿的脸。那一刻，我甚至觉得自己有些丧失了对生活的信心。但此刻，打下这行字时，手边放着冷萃乌龙茶，窗台上的薄荷草在夜风里摇晃——它熬过了我出差时忘记浇水的17天。我曾经以为，我和这株薄荷草一样，随时会枯萎，但如今，它比我还坚强地活着。

翻到去年今日的照片：凌晨两点的会议室，提案被否后散落一地的便利贴，还有我蹲在地上捡纸片的背影。现在回头看那张照片，突然发现玻璃幕墙倒影里的玉兰树正在开花，而当时的我完全没注意到。我以为自己在奋斗中迷失，但实际上，周围的一切正在悄悄生长。无论多忙，生活依旧在进行，而我，正在与它共同蜕变。

今天拒绝了第四个"紧急需求"，把孩子的家长会标记成日历上的红色禁区。下班时，夕阳正好铺满工位，在键盘上敲完"本季度超额完成128%"的结案报告，顺手拍下屏幕角落新买的木质倒计时牌，上面刻着"距离梦想退休还有4382天——但今天的咖啡很香"。新的动态里带着些许自嘲，但更多的是释然，曾经对自己的高标准，现在看来，竟也不过是一段"期待过高"的负担。

最新一条评论来自前同事："你竟然学会摆烂了？"我回复了个月亮表情。这是一个小小的胜利。希望并非总是一个远大的目标，而是我们对日常小美好的感知。它不一定是在完成一个大项目后才出现，而可能只是那一杯让人会心一笑的咖啡、窗台上厚重的绿意，或是某个微小决定背后的轻松与宁静。每个选择每个瞬间，都是希望的体现。正是这些细小的变化，悄悄地塑造了我今天的模样。希望，原来不需要等未来的某一天，它就在我们的每个"今天"里。

▶ **心理反射区**

心理学家C.R.Snyder的"希望理论"揭示了人类超越困境的心理机

制。该理论指出，希望由三大核心要素构成：目标感、路径思维、动力信念，这种心理结构本质上是一种"可能性认知框架"。焦虑者往往困在"目标—障碍"的二元对立中，而希望驱动者则通过路径思维将障碍转化为"待解决的子目标"。在面对职业转型压力时，焦虑者看到的是"能力不足""竞争激烈"等固化标签，希望者则会拆解出"技能学习路径""人脉拓展方案"等可操作模块。希望理论最颠覆性的启示在于：焦虑的解药不是消除不确定性，而是培养对可能性的信仰。当人相信"总有一条路通向目标"，就能从"恐惧驱动"转为"愿景牵引"，这种认知转换本身便是对抗焦虑的终极铠甲。

▶ **焦虑实验室**

实验名称： 希望值焦虑量化实验

实验背景： 在焦虑主导的生活中，我们往往被"目标—障碍"的二元对立困住，忽略了希望的力量，希望并非遥不可及的梦想，而是对可能性的信仰。本实验旨在通过量化希望值，帮助你将焦虑转化为可操作的行动力。

实验步骤：

1.场景模拟：想象你正面临一个让你焦虑的挑战（如职业转型、人际关系压力、项目deadline等）。

2.反应记录：在1分钟内，写下你脑海中闪过的三个念头：

我能力不足，肯定做不好。

竞争太激烈，我根本没有机会。

时间不够，我注定会失败。

3.情绪打分：为每个念头对应的焦虑感打分（0～10分，0=毫无感觉，10=极度焦虑）。

4.行为实验：执行一项具体行动（如报名课程、制订学习计划、联系导师等），完成后，将行动记录写在"希望日志"上。

5.重启评估：重复步骤1的场景模拟，记录新产生的念头并打分。

6.数据对比：计算两次焦虑值差值。

①焦虑值降幅≥30%：

你已成功将焦虑转化为希望，建议持续使用"希望拆解"工具。

②焦虑值波动<10%：

你可能需要调整路径思维。

▶ **我想对你说**

那些深夜刷屏的"时间管理大师"日程表、朋友圈里永远光鲜的"斜杠青年"人设、家族群中"别人家孩子"的成就播报，共同编织成一张认知陷阱的网。我们误以为焦虑来自"做得不够"，却未曾察觉真正的病灶在于"要得太多"。当我

们在"完美员工""满分父母""社交达人"等多重角色间不停切换，实则是把珍贵的心智资源切割成碎片，最终陷入"什么都想要，什么都抓不住"的耗竭状态。这种焦虑的本质，是对不确定性的过敏反应。我们像站在超市货架前的孩童，面对琳琅满目的可能性既兴奋又恐惧——选择攻读MBA可能错过创业风口，专注育儿或许耽误职业黄金期，甚至今天选择健身还是加班都成为折磨。这种"选择恐惧"背后，藏着一个致命的认知误区：认为存在某个"绝对正确"的选项，而选错就意味着人生崩盘。

过"无畏"的人生，其实就是学会对生活做减法。就像咱家里那个总塞满杂物的抽屉，只有狠心扔掉过期的药片、用旧的充电线，才能腾出地方放真正重要的东西。别总想着要活成"完美模板"——同事晒加班消夜你就焦虑效率低，亲戚催婚催育你就怀疑人生进度，这些比较游戏永远打不完。真正的无畏，是早上敢关掉工作群陪孩子吃顿完整的早餐，是能够删掉收藏夹里"三个月速成Python"的课程先把手头项目做好，是看到别人晒MBA录取通知时，还能淡定泡杯枸杞茶继续写自己的年度总结。那些你以为"必须做到"的事，其实很多只是社会硬塞给你的"人生待办清单"。

记住，活得通透的人不是啥都不怕，而是清楚知道怕也没用。就像小区门口修鞋的老张，他从不焦虑新款球鞋多时髦，就专注把每双开胶的鞋修得结实耐穿。当你允许自己搞砸几次方案、错过几次晋升，甚至让孩子穿两天混搭衣服去幼儿园，反而能腾出心力抓住真正重要的事，焦虑和希望其实是一枚硬币的两面，关键看你愿意把哪面朝上。

▶ **别怕，向前冲**

那些被焦虑驱赶着盲目追逐的"标配人生"，或许正是遮蔽生命星光的乌云。当你学会在时代的喧嚣中倾听内心的鼓点，在信息的洪流里守护专注的灯塔，焦虑自会如潮水退去，显露出生命的本来面目——它从来不是一场必须赢的竞赛，而是一段需要用心体验的旅程。

1.设计"错误货币"体系：准备三个玻璃罐，分别标注"认知误差""执行偏差""环境变量"，当遇到挫折时，可以写下失败归因投入对应罐子，到了月底分析一下三类错误占比。

2.启动"希望传染计划"：每周结识一位"非常规成功者"，可以制作"希望案例库"，记录他们的关键转折点和认知跃迁瞬间。

3.创建"未来遗产"项目：写下你希望百年后刻在墓碑上的话，倒推需要启动哪些"人生重点工程"。

焦虑与希望本是同源之火，区别在于前者灼伤双手，后者照亮前路。当你学会用希望之火锻造武器而非困守囚笼，那些曾让你窒息的"必须""应该""万一"，终将化为铺就星途的尘埃。看看窗台那株薄荷吧——它不知道什么是"最佳生长周期"，只是抓住每一滴水、每一缕光，在水泥缝隙里长成一片绿洲。你的人生剧本，从来不需要完美逻辑，只需一个不肯退场的主角，和一颗永远相信"下一幕更精彩"的赤子之心。

02 从"荷花效应"中获得力量积累

▶ 朋友圈里的心事 [所有人可见]

"原来每天多开一朵花瓣，真的能等到满池花开。"

我在工位上贴过一张便签："为什么努力像扔进黑洞的石头，永远听不见回响？"那时每天加班到深夜改方案，体重暴涨15斤，孩子的家长会永远缺席。最崩溃的是连续三个月业绩垫底，上司那句"你的成长速度太慢了"像根刺扎在心里。

昨晚整理旧手机相册，翻到2022年7月的打卡记录：6:30起床失败（第8次），23:00健身环使用3分钟，周阅读量：14条微博+3篇公众号短文，

今天收到晋升通知时，突然发现窗外梧桐树的影子比去年密了许多——原来我和它们都在安静地生长。

原来那些"明天再开始"的flag，早把我的生活切成碎片。

改变始于去年雨季。带孩子去湿地公园，他指着荷塘问："为什么荷叶每天都只多铺开一点点？"管理员爷爷笑着说："这叫荷花效应——前20天只能铺满一半，最后10天突然开满全池。"这句话像颗种子落进心里。

今天收到晋升通知时，突然发现窗外梧桐树的影子比去年密了许多——原来我和它们都在安静地生长。

▶ 心理反射区

心理学中的"荷花效应"（又称"30天定律"），揭示了非线性成长的本质，即真正的突破往往需要经历漫长的积累期，这与大脑的多巴胺奖励机制直接冲突——我们渴望即时反馈，但重要成长恰恰藏在"沉默的20天"里。这正是焦虑时代最稀缺的认知：我们不是成长太慢，而是误把"爆发期"当唯一标准，就像总有人羡慕荷花第30天的绚烂，却无视前29天扎根水底的黑暗时刻。

▶ 焦虑实验室

实验名称：荷花效应与焦虑转化实验

实验背景：我们常常被"即时反馈"的渴望所困，忽略了非线性成长的本质。荷花效应告诉我们，真正的突破往往需要经历漫长的积累期，而焦虑则源于对"沉默期"的误解。本实验旨在通过模拟荷花效应的成长模式，帮助你将焦虑转化为耐心与行动力。

实验步骤：

1.场景模拟：选择一个让你感到焦虑的目标或挑战（如工作晋升、健康管理、技能学习等）。

2.反应记录：在1分钟内，写下你脑海中闪过的三个念头：

我努力了这么久，为什么还没有结果？

别人都在进步，只有我停滞不前。

我一直达不到目标。

3.情绪打分：为每个念头对应的焦虑感打分（0～10分，0=毫无感觉，10=极度焦虑）。

4.行为实验：执行一项与目标相关的具体行动（如制定每日计划、完成一项小任务、记录进步等），并将行动记录写在"荷花日志"中。

5.重启评估：重复步骤1的场景模拟，记录新产生的念头并打分。

6.数据对比：计算两次焦虑值差值。

①焦虑值降幅≥30%：

你已成功将焦虑转化为耐心与行动力，建议持续使用"荷花效应"工具。

②焦虑值波动<10%：

你可能需要调整对"沉默期"的认知。

▶ **我想对你说**

　　成长从来不是一蹴而就的，而是像荷塘里的花朵，一点点积累，最终迎来绽放的时刻。我们总是急于看到改变的结果，却常常忽略那些看似微不足道的努力。正如荷花效应所揭示的，在最初的二十多天里，水面的荷叶似乎变化不大，但它们的根须却在水底悄然延展，为最后的盛放蓄积能量。

　　面对工作压力、生活琐事，甚至对未来的不确定性，我们或许都会经历一段"沉默的20天"——努力看似没有回报，焦虑悄然生长。但请相信，每一次坚持都是为成长铺路，每一点微小的进步都会成为最终蜕变的一部分。当你觉得自己停滞不前时，或许只是还未到达突破的临界点。就像荷花盛开的前夜，你的积累已经悄然完成，只待时间推你进入下一个绽放的阶段。荷花效应给我们带来的启示就是，面对生活中的困难，我们并不需要回避它们，而是要学会接纳它们，并从中找到力量。困境、挑战和不完美是生活的常态，而不是可以轻易规避的难题。当我们能学会与这些不完美和困难共处时，我们便能够真正从中汲取养分，像荷花那样在泥水中破土而出，绽放出独特的光彩。

　　生活中的每一份焦虑，都是对我们应对能力的一种考验。我们可以选择让焦虑左右我们的情绪，影响我们的行为，也可以选择将它作为一种信号，提醒我们需要调整自己的心态，学会从中汲取成长的力量。荷花并不因泥土而萎靡，反而在泥土中找到自己的生长空间。而我们，也应当学会在生活的泥土中，找到属于自己的力量。

焦虑并非无法战胜的敌人，它只是一种暂时的情绪反应，是我们对不确定性和挑战的自然反应。真正的力量，来自对生活的接纳，对自我的宽容以及对成长的坚定信念。只要我们学会面对焦虑，接受生活中的挑战，并从中找到自己的力量，我们就能够像荷花一样，在泥水中傲然绽放。

▶ 别怕，向前冲

那些在深水里缓慢生长的时刻，不是命运的冷场，而是生命的彩排。荷花效应揭示的生存智慧，恰是对抗即时满足焦虑的良药：

1.建立水下生长日志：用绿色荧光笔在日历上标注所有看不见进展的坚持，比如连续晨跑21天但体重未变。

2.启动淤泥养分转化器：准备个透明罐子，每周投入三件失败却有益的事，比如被驳回的方案里发现的算法漏洞，搞砸的演讲中训练出的应急反应。

3.设计荷叶进度条：把大目标分解为荷塘生态链——藕节（基础能力）、立叶（阶段成果）、花苞（关键突破），允许立叶期消耗70%时间却只有10%可视进度，就像荷花将大部分能量用于构建水下支撑系统。

　　荷花的智慧，是教会我们与时间做朋友，当你不再每天扒开土壤查看根须，当你能欣赏"今天比昨天多开一朵花"的浪漫，焦虑自会化作滋养生命的淤泥。看看那池荷花吧——它从不焦虑为何不能一夜满塘，只是专注吸收每一缕阳光、每一滴雨露。你的人生也该如此：在别人追逐爆发的世界里，安静地活成一支遵循自然节律的荷，终有一天，当属于你的盛夏来临，所有沉默的积累都会化作接天莲叶的磅礴。

03 情绪黑洞不可怕

▶ 朋友圈里的心事 [所有人可见]

凌晨1点，茶水间的饮水机第N次发出咕噜声，朋友圈的月亮刚好卡在33楼的玻璃幕墙外。我盯着手机里那张加了灰调的咖啡渍照片，配文删了又改：深夜加班的冷萃，比老板画的饼还苦。拇指悬在发送键上犹豫三秒，最终还是勾选了所有人可见。

我们总爱在深夜把琐碎的情绪包装成精致的朋友圈，就像把打翻的调料瓶重新摆成ins风摆拍。上周二行政小王发了张暴雨打车的截图，定位在凌晨的科技园，配文"打车软件说我是今晚第100位加班人"，底下瞬间

上周三凌晨，当我第N次刷到同楼层不同公司的泡面开会照，突然觉得落地窗外那些亮着灯的格子间……

冒出二十几个抱抱表情。昨天看到财务总监给实习生那条报表和眼线一起晕妆了的动态点赞，突然发现她头像角落的工牌带子也磨得起毛边。这些不完美的瞬间反而让群里多了好多条原来"你也是"的调侃。就像上周我误发到公司大群的奶茶订单截图——3分糖的杨枝甘露备注写着去冰去柚果去西米，采购部张姐秒回：这不就是去老板画的饼吗？突然整个部门的加班氛围都松动了。

上周三凌晨，当我第N次刷到同楼层不同公司的泡面开会照，突然觉得落地窗外那些亮着灯的格子间，像极了数码时代的星空。那些不敢设置分组可见的脆弱时刻，或许正是打碎办公室厚玻璃的隐形小锤——就像今早发现客户经理的年度计划表里，悄悄插了张茶水间咖啡渍的截图，备注栏写着：此处应有掌声"emoji"。

当我们愿意分享那些"不完美"的瞬间，愿意在深夜的朋友圈里坦诚自己的脆弱，情绪黑洞反而成了连接彼此的桥梁。它让我们明白，原来每个人都在经历着相似的挣扎，原来我们并不孤单。生活不会因为我们的脆弱而停止，但我们可以因为彼此的陪伴而变得更坚强。那些深夜的咖啡渍、打车的截图、晕妆的报表，都是我们共同的记忆，是我们在这个数码时代里，抱团取暖的证明。

▶ **心理反射区**

AlbertElli提出的自我接纳理论是面对情绪黑洞时的关键。自我接纳理论认为，当我们能够接受自己所有的情绪，

无论是积极的还是消极的，便能够获得内心的平静，情绪本身并不坏，关键在于我们如何看待它们。我们每个人都会经历情绪波动，而学会接纳这些情绪，理解它们的存在和原因，才能真正走出情绪的黑洞。

▶ **焦虑实验室**

实验名称：情绪黑洞与自我接纳实验

实验背景：在高压的生活中，我们常常被负面情绪困扰，试图通过压抑或逃避来摆脱它们，却反而让情绪黑洞更深。本实验旨在通过模拟情绪黑洞的应对过程，帮助你将负面情绪转化为自我成长的动力。

实验步骤：

1.**场景模拟**：选择一个让你感到情绪困扰的情境（如工作压力、人际冲突、生活琐事等）。

2.**反应记录**：在1分钟内，写下你脑海中闪过的三个念头：

我为什么这么焦虑？

我是不是在别人眼里不够好？

我好像一直在自己的情绪世界里。

3.**情绪打分**：为每个念头对应的焦虑感打分（0～10分，0=毫无感觉，10=极度焦虑）。

4.**行为实验**：执行一项与情绪疏导相关的具体行动（如写日记、深呼吸、与朋友倾诉等），并将行动记录写在"情绪日志"中。

5.**重启评估**：重复步骤1的场景模拟，记录新产生的念头并打分。

6.数据对比：计算两次焦虑值差值。

①焦虑值降幅≥30%：

你已成功将负面情绪转化为自我成长的动力，建议持续使用"自我接纳"工具。

②焦虑值降幅＜10%：

你可能需要调整应对方式。

▶ **我想对你说**

情绪黑洞的来源，往往是我们对情绪的压抑与逃避。生活中的不如意、工作中的压力、家庭的琐事，都会让我们的内心堆积各种负面情绪。如果这些情绪得不到释放和疏导，它们就像一个无形的黑洞，慢慢吞噬着我们的内心，让我们感到焦虑、疲惫，甚至失去对生活的掌控感。我们或许会用忙碌来掩盖内心的不安，试图用娱乐、购物、社交等方式来暂时逃避焦虑和压力，或者选择自我压抑，把情绪埋在心底，告诉自己"没什么大不了的""我应该坚强"，甚至责怪自己不够成熟、不够理智。然而，情绪并不是可以被忽略的，它们就像潮水一样，积压得越久，爆发时越无法控制。当情绪长期无法得到纾解时，我们可能会变得易怒、消极，甚至对生活失去兴趣。

情绪黑洞真正可怕的地方并不在于情绪本身，而在于我们对它的逃避。我们害怕面对自己的负面感受，害怕失去理智，害怕自己变得脆弱无助。于是，我们试图压制它，希望它能悄然退去，殊不知，它反而在潜意识里积累着更大的能量，随时可能将我们吞噬。真正的力量并非来自永远保持平静，而是来自勇敢地直面自己的情绪。允许自己悲伤、焦虑、愤怒，去倾听情绪背后的需求，理解它们为何而来。焦虑或许是因为对未来的不确定，愤怒可能源于不被尊重，悲伤往往藏着一份失落或遗憾。只有当我们学会去看见情绪、理解情绪，才能让它成为推动我们成长的力量，而非将我们困住的枷锁。

在情绪黑洞中挣扎时，我们需要学会给予自己温柔的支持，而不是一味地苛责和压抑。与其害怕和逃避，不如找到适合自己的方式去表达和释放——可以用写作倾诉，可以通过运动舒缓，可以在安静的夜晚给自己一段独处的时间，让情绪慢慢沉淀。情绪并不是我们的敌人，它是我们生命的一部分，每一次情绪的起伏，都是一次学习的机会。风暴终会过去，而我们终将变得更加坚韧。情绪的黑洞不可怕，关键是学会如何面对它，当我们真正接纳自己的情绪时，那个曾经让我们恐惧的深渊，终会变成照亮前路的光。

▶ **别怕, 向前冲**

生活中的情绪波动，像是风中的沙尘，尽管会遮蔽视线，却也能让我们在沙砾中学会坚持。不要害怕情绪的阴霾，它们正是塑造我们心灵力量的磨砺；正如宇宙中的星云，虽看似混沌，却正是孕育璀璨星辰的摇篮。

1.把"脆弱"变成"共鸣点"：试试把那些"不完美"的瞬间分享出

来，让它们成为打破办公室厚玻璃的隐形小锤，原来每个人都在经历类似的挣扎。

2.用"抱团取暖"对抗孤独感：给那些不敢设置分组可见的时刻一个出口，让它们成为数码时代的篝火，情绪黑洞里藏着比想象更多的温暖。

3.在"情绪波动"中种下成长的种子：给每一次情绪波动贴上"学习"的标签，让它们成为你内心的指南针，那些曾让你害怕的负面情绪，恰恰是让你更坚韧的力量。

情绪的黑洞，往往不是一个不可逾越的深渊，而是一次灵魂的洗礼。一如天空中的黑洞，它吞噬万物，但也孕育新生。我们每个人的内心，都有这样一个情绪的裂缝，它让我们彷徨，让我们失落，却也促使我们在幽深的夜幕中，寻找光明。苔藓在严寒中闭合光合系统，等待时机复苏，我们的心灵，也在每一次的挣扎与迷失中，悄然积蓄力量。情绪的波动不是我们的敌人，而是成就我们内心强大的契机。

04 蔡加尼效应帮你反败为胜

▶ 朋友圈里的心事 [所有人可见]

上个月收拾书房，翻出五本只写了前几页的笔记本——2018年的减肥计划停在"跳绳第5天"，2020年的读书清单卡在《百年孤独》第32页，最新的那本记着"凌晨两点改方案，泡面吃完了"。我蹲在垃圾桶旁犹豫要不要扔，突然瞥见窗台那盆半死不活的绿萝——去年出差忘浇水，枯了一半的藤蔓今年居然冒出新芽，还开出了我从没见过的白色小花。修车子的时候，师傅指着我的老轿车说："你这发动机积碳太厚，但底盘保养得比新车还扎实。"上周客户突然要复古营销方案，2019年那份被批"太老

上个月收拾书房，翻出五本只写了前几页的笔记本——2018年的减肥计划停在"跳绳第5天"，2020年的读书清单……

139

气"的PPT，反而成了现在最对味的参考资料。

昨天儿子指着我画到一半的手账本说："妈妈这张没涂颜色的飞机更好看，像要冲出纸飞走！"那些曾让我羞愧的"半成品"，换个角度看竟成了别人眼里的创意种子。

人们对未完成任务的记忆更深刻，生活就像一本未完成的手账，每一页的空白都是未来的可能。那些被我们搁置的计划、未读完的书、画到一半的涂鸦，都在默默等待被重新拾起。它们不是失败的证据，而是未来的种子。只要我们愿意换个角度去看，这些"半成品"就会成为我们反败为胜的起点。

▶ **心理反射区**

蔡加尼效应是心理学中一种具有深远意义的现象，主要表现在"反向动力"上。简单来说，蔡加尼效应指的是当个体面临失败或挫折时，这种负面事件反而能够激发出个体的潜力，促使其以更加积极的态度面对接下来的挑战。心理学中的积极心态与反弹效应紧密相连，在经历失败后，个体的心理状态会发生转变，通过对失败的重新解读，个体常常会在随后的努力中取得突破性的成就。

▶ **焦虑实验室**

实验名称：蔡加尼效应与焦虑转化实验

140

实验背景：在追求目标的过程中，失败和挫折是不可避免的，但它们往往被我们视为终点，而非起点。蔡加尼效应告诉我们，失败可以成为激发潜力的催化剂，帮助我们以更积极的态度面对挑战。本实验旨在通过模拟失败情境，帮助你将失败转化为焦虑的动力。

实验步骤：

1.场景模拟：选择一个让你感到挫败的目标或情境（如未完成的工作任务、被否定的方案、未达成的目标等）。

2.反应记录：在1分钟内，写下你脑海中闪过的三个念头：

> 我为什么总是失败？
>
> 我是不是不够努力？
>
> 我是不是永远不会成功？

3.情绪打分：为每个念头对应的焦虑感打分（0～10分，0＝毫无感觉，10＝极度焦虑）。

4.行动实验：执行一项与改进计划相关的具体行动（如查阅资料、寻求反馈、调整策略等）。

5.重启评估：重复步骤1的场景模拟，记录新产生的念头并打分。

6.数据对比：计算两次焦虑值差值。

①焦虑值降幅≥30%：

> 你已成功将失败转化为成长动力，建议持续使用"蔡加尼效应"工具。

②焦虑值降幅＜10%：

你可能需要调整目标设定。

▶ **我想对你说**

很多时候，失败本身并不是问题，问题在于我们如何看待失败。大多数人往往把失败当成终点，觉得自己已经"输了"，于是选择放弃。然而，真正决定我们未来的，并不是失败的次数，而是我们如何应对失败的态度。蔡加尼效应告诉我们，失败并非终局，而是成功的前奏。未完成的事情会在我们的记忆中留下更深的印象，这种心理机制使我们更容易记住尚未解决的问题，也更容易对未完成的目标保持动力。因此，失败并不是一种打击，而是一种提醒，提醒我们还有未完成的成长，还有提升的空间。伟大的成功者并非没有失败过，而是他们懂得如何在失败中总结经验，不断调整，最终走向更高的成就。

然而，很多人因为一次挫败而陷入自我怀疑，甚至对未来感到迷茫，这种情绪往往源于我们对"完美"与"成功"的过度期待。社会的标准让我们误以为，只有一次性成功才是值得追求的，而失败则意味着无能与挫败。我们害怕失败，因为失败让我们感到不安，觉得自己不够优秀、不够努力，甚至开始怀疑自己的能力。但蔡加尼效应告诉我们，失败并不会定义一个人，真正决定我们高度的，是我们在面对失败时的选择。失败并不是一张写满错误的答卷，而是一张等待我们改正、优化的草稿。每一次失败，都是一次重新审视自己的机会，让我们更清楚自己的不足，也让我们

更有针对性地去改善和提升。

真正能帮助我们走向成功的，不是避免失败，而是学会从失败中汲取经验，并将其转化为进一步前行的动力。在这个过程中，我们需要培养一种健康的心态，接受失败作为学习的机会，而不是作为打击自信的借口。当失败发生时，与其沉溺于自责和失落，不如用它作为调整策略、优化方法的契机。每一次跌倒，都是在积蓄力量；每一次挫折，都是在磨砺自己。当我们学会不再害怕失败，而是以更积极的态度去面对它时，失败就不再是障碍，而是通往成功的一道必经之路。

▶ **别怕，向前冲**

正如绿萝在枯萎中重新绽放，如同那辆积碳严重的老车，底盘依旧坚固，所有看似无用的"半成品"在某一时刻都会以崭新的面貌展现出它们的独特价值。

1.把"未完成"变成"备用油箱"：半成品不是废品，而是未来某一天的灵感燃料。试试把那些"待续"文件夹重命名为"备用油箱"，你会发现，曾经的"未完成"可能是未来最对味的参考。

2.用"枯藤新芽"的视角看待失败：给每一次挫折贴上"重生"的标签，让枯藤长出新芽，让积碳成为底盘扎实的见证，你会发现，失败是生

活埋下的彩蛋。

3.在"半成品"里种下创意种子：让未完成的计划成为灵感生长的沃土，你会发现，那些曾让你羞愧的"未完成"，恰恰是别人眼里的惊喜。

人生的路途中，失败并非终点，恰恰是成功的前奏。当我们能从失败中汲取经验，把挫折当作向上攀登的阶梯，我们的内心便能从未曾有过的坚韧与自信中汲取力量。每一次的跌倒，都是一次迎接新生的契机。我们不应畏惧那些失败的瞬间，而应怀着感恩的心态去迎接它们，它们教会我们如何更好地修正航向，如何在风雨中更加从容。没有哪一条成功之路是直线，都是在失败的反复磨砺中不断蜕变。在自我超越的过程中，我们成就了一个更加成熟、更加强大的自己。

05 留白才有空间呼吸

▶ 朋友圈里的心事　　　　　　　　　　　[所有人可见]

连续加班三个月后，我在周报里误把"季度目标"写成"求个解脱"。凌晨三点盯着满屏飞蚊症似的代码，突然发现键盘缝隙里卡着半块去年中秋的月饼渣——它和我的职业规划一样干瘪发硬。那天我鬼使神差给所有日程表留白。周三下午，被助理追着问："这个'发呆专用时区'是新的项目管理法？"

转机出现在旧货市场。卖画材的老伯正往水墨画上敲印章："小姑娘，看这幅画，白肚子留得多通透，比画满墨的更有劲道。"我盯着宣纸

我的待办清单每页都画着"呼吸框"：周五下午三点必须去天台吹风，哪怕只是盯着云发愣……

145

上的空白处，突然想起上个月被客户退回的极简设计稿——删掉所有装饰元素后，反而被美术馆收作当代艺术展主视觉。

现在我的待办清单每页都画着"呼吸框"：周五下午三点必须去天台吹风，哪怕只是盯着云发愣；周末早晨孩子乱涂鸦的时间神圣不可侵犯。昨天总监惊呼："你上周交的方案比过去三个月都有灵气！"他不知道，那些灵感全是在放空时从茶垢里长出来的。

▶ 心理反射区

认知灵活性是指个体在面对变化和挑战时，能够迅速调整思维和行动方式的能力。在忙碌和压力面前，我们往往陷入固有的思维模式，失去了对生活的深度观察和反思。而留白则为我们提供了一个重新调整认知的机会，让我们能够在变化的环境中更加灵活地应对，发现更多可能的路径和解决方案。正如艺术作品中的留白，生活中的空白也是为了让我们的思想更加丰富和多元。

▶ 焦虑实验室

实验名称：留白缓解焦虑实验

实验背景：在快节奏的生活中，我们常常被繁忙的日程和无休止的任务压得喘不过气，焦虑也随之而来。留白，作为一种生活哲学，为我们提供了重新调整认知和情绪的机会。本实验旨在通过模拟留白的实践，帮助你将焦虑转化为内心的平静与创造力。

实验步骤：

1.**场景模拟：**选择一个让你感到焦虑的情境（如工作压力、生活琐事、未来规划等）。

2.**反应记录：**在1分钟内，写下你脑海中闪过的三个念头：

> 我为什么总是这么忙？
>
> 我是不是在浪费时间？
>
> 我怎么一直完成不了任务？

3.**情绪打分：**为每个念头对应的焦虑感打分（0～10分，0=毫无感觉，10=极度焦虑）。

4.**行为实验：**执行一项与留白相关的具体行动（如发呆、散步、冥想等），并将行动记录写在"留白日志"中。

5.**重启评估：**重复步骤1的场景模拟，记录新产生的念头并打分。

6.**数据对比：**计算两次焦虑值差值。

①焦虑值降幅≥30%：

> 你已成功将焦虑转化为内心的平静，建议持续使用"留白"工具。

②焦虑值波动<10%：

> 你可能需要探索更适合的留白方式。

▶ **我想对你说**

我们每个人都曾在追求目标的路上，感到过焦虑和压力。社会常常告诉我们，"不忙就是不成功"，让我们时刻处于"赶路"的状态。我们被高强度的节奏推着往前走，总觉得如果停下来，就会被时代抛在身后。然而，这种"赶路"并不一定能带来内心的平静和满足。过度填满的日程表、无休止的任务清单，只会让我们感到筋疲力尽，甚至陷入焦虑的旋涡中。当我们总是想着"下一步要做什么"时，就很难真正享受当下，而忽略了当下的意义。于是，忙碌成了一种惯性，而焦虑也随之而来。

我们害怕空白，害怕浪费时间，认为每一秒钟都应该被填满，才能体现人生的价值。然而，真正的成长和幸福，并不是来自无休止的忙碌，而是在适当的时候给自己留白。留白，并不意味着停滞不前，而是给自己和生活空间，去感受，去思考，去调整。这种"无为而治"的状态，并非消极懈怠，而是一种智慧的取舍。正如一幅优秀的画作，往往不会把画布填得满满当当，而是留出适当的空白，让观者在空白中找到自己的理解与感悟。

我们的生活也是如此，适当地留白，能让我们更好地消化经历，更清晰地看待自己的人生方向。我们要学会放下对时间的焦虑，不要总是觉得"闲着"是一种罪过。给自己一些真正属于自己的时间，比如每天留出半小时不去做任何计划，只是静静地坐着，听听音乐、看看书，或者单纯地发呆。这不是浪费时间，而是让心灵得到喘息的机会。并不是所有的成功都需要争分夺秒，有时候，最好的机会，往往藏在我们停下来的那一刻。真正的幸福感，不仅仅来源于完成一件件事情，更在于我们是否能在过程中找到平衡。生活的艺术，不仅仅在于如何填充每一刻，更在于如何在适当的地方留出空白，给自己和生活腾出呼吸的空间。当我们学会给自己留白，学会在生活的间隙中找到宁静时，就会发现，真正的满足，并不在于做得越多，而在于能否在有限的时间里，活出最真实的自己。

▶ 别怕，向前冲

人生也该留几道这样的天然纹路：等地铁时允许自己盯着广告屏上的像素点出神，写周报时放任光标在空白文档上跳五分钟踢踏舞，睡前让脑子像老电视没信号的雪花屏那样沙沙作响。

1.给时间装上"呼吸阀"：试试在日程表里划出"发呆专用时区"，让思绪像水墨画里的空白一样通透，你会发现，灵感往往在放空时悄悄发芽。

2.用"空白"对抗世界的嘈杂：给生活做减法，不是追求空洞，而是让每一处留白都成为故事的延展，就像水墨画里的虾，白肚子比墨色更有劲道，空白处藏着比喧嚣更深的韵律。

3.在"呼吸框"里种下灵感：停顿时光不是虚度，而是灵感的孵化器。给待办清单画上"呼吸框"，让天台的风吹散焦虑，让孩子的涂鸦点亮想象。

最高明的画家懂得"藏笔"。齐白石画虾时，从不描绘水流的形态，但观者总能在画作的间隙中，听见溪流潺潺的声音。我们的生命也应如此，不需要填满每一个计划框格，也不必对每一个空隙充满焦虑。留出几处空白，给偶然的风吹过，给直觉的涌现，给那些不期而遇的灵光一闪。就像造物主在设计星空时，并未急于将星辰逐一归位，而是先铺开无边的夜幕，然后再慢慢地、轻轻地，点亮一颗颗璀璨的光点。在空白中，是无尽的可能；在间隙里，是生活最真实的脉搏。

06 适合的生活方式才最好

▶ 朋友圈里的心事 [所有人可见]

昨天收拾衣柜，翻出三年前跟风买的瑜伽服，吊牌都没拆。那会儿看同事每天晒健身餐和晨跑数据，我也咬牙办了两万块的私教卡，结果去第三次就崴了脚。现在穿着老头汗衫在小区单杠上晃悠，反而解锁了引体向上——隔壁遛狗的大爷成了我教练，他说："你这胳膊肘往外拐的姿势，倒是像极了我家二哈刨坑。"

上个月把工位改造成了"菜鸟驿站风"：显示器架在快递盒上，键盘旁边永远放着啃了一半的苹果，茶杯里泡的是老家寄来的苦丁茶。总监路

原来生活的意义，不在于我们追逐了多少目标，而在于我们是否真正享受了每一个当下。

过欲言又止，结果周会上我拿着这套装备做的市场分析，愣是挖出三个竞品没注意到的下沉渠道。

刚在便利店遇到个跑腿小哥，他电动车筐里塞着《存在与时间》，保温箱贴着"绕路接单中，勿催"。突然想起今早开会时，我当着全组面挂掉客户电话："方案明早给，现在我要去喂流浪猫。"那只三花猫不会知道，它啃着火腿肠的咕噜声，治好了我三个通宵都没理清的思路。适合的生活方式，不是别人眼中的"完美"，而是自己心里的"舒服"。它可能不够精致，不够高效，甚至不够"主流"，但它让我们感到自在、踏实、满足。

回到家，我打开那本《存在与时间》，随手翻到一页，上面写着："存在本身就是意义。"我突然笑了，原来生活的意义，不在于我们追逐了多少目标，而在于我们是否真正享受了每一个当下。适合的生活方式，就是让自己在每一个瞬间，都能感受到存在的意义与快乐。

▶ 心理反射区

心理学家阿伯特·班杜拉的社会学习理论强调，个体的成长和行为不仅仅会受到外部环境的影响，更重要的是个体如何感知和回应这些外部因素。每个人的需求和节奏不同，盲目模仿他人的生活方式往往会导致内心的失衡。个体化发展意味着我们要根据自己的兴趣、优势、生活环境等因素来选择合适的生活方式，而不是去迎合他人或社会的期待。

▶ **焦虑实验室**

实验名称：个性化生活方式探索实验

实验背景：我们常常被外界的标准和期待所裹挟，盲目模仿他人的生活方式，却忽视了自己的真实需求，个性化生活方式强调根据自身特点找到最适合的节奏，而非迎合外界的"完美模板"。本实验旨在通过模拟个性化生活方式的探索过程，帮助你将焦虑转化为自我认同与满足。

实验步骤：

1.场景模拟：选择一个让你感到焦虑或不适的生活方式情境（如工作节奏、生活习惯、社交模式等）。

2.反应记录：在1分钟内，写下你脑海中闪过的三个念头：

我为什么总是跟不上别人的节奏？

我是不是不够努力？

我无法达到别人的标准。

3.情绪打分：为每个念头对应的焦虑感打分（0～10分，0=毫无感觉，10=极度焦虑）。

4.行为实验：执行一项与个性化生活方式相关的具体行动（如调整作息、改变工作方式、尝试新爱好等），并将行动记录写在"生活方式日志"中。

5.重启评估：重复步骤1的场景模拟，记录新产生的念头并打分。

6.数据对比：计算两次焦虑值差值。

①焦虑值降幅≥30%：

　　你已成功将焦虑转化为自我认同与满足，建议持续使用"个性化生活方式"工具。

②焦虑值波动<10%：

　　你可能需要调整生活方式。

▶ **我想对你说**

　　适合的生活方式并不是标准化的模板，而是根据个人的特点和需求量身定制的。我们常常被社交媒体上那些看似完美的生活方式所诱惑，认为只有每天高效、充实，才能算得上成功。然而，这种"完美生活"的标准，往往只是表面上的光鲜，背后却隐藏着无数不为人知的付出与压力。我们看到的那些光鲜亮丽的画面，可能只是经过筛选和修饰的结果，而非生活的全部。每个人的成长环境、价值观、目标和需求都不同，适合别人的方式，未必就是适合我们的。如果我们一味地追逐别人的步伐，而忽视了自己的真实需求，最终只会让自己感到疲惫和迷失。

　　在这个信息爆炸的时代，我们经常被各种"成功学"和"高效生活"的理念包围。社交媒体上充斥着各种"早起五点钟读书""每天工作十六小时""坚持健身塑造完美身材"等励志故事，让人不禁觉得，如果自己没有按照这些方式去生活，就会被远远甩在身后。然而，我们往往忽略了一个关键的问题——那些成功的人的方法，并不一定适用于每个人。一个习惯早起的人，可能确实能够在清晨高效工作，而另一个精力更集中于夜晚的人，强迫自己早起反而会影响状态；有人在高压下能够爆发惊人的潜力，而另一些人则需要适度地放松才能发挥最佳水平。盲目模仿他人的生活方式，不仅无法实现真正的成长，还可能让我们失去自我，感到焦虑和不知所措。

事实上，真正的幸福和满足，并不是来自外界的认可，而是来自内心的平静与充实。一个人可以在繁忙的都市里感受到成就感，也可以在乡村的宁静中找到满足；有人享受社交的热闹，有人喜欢独处的安静。每一种生活方式，都有它独特的价值和意义，关键在于，我们是否能够找到真正适合自己的节奏。适合的生活方式，并不需要迎合任何人的期待，它应该是符合你内心需求的，是能让你感到舒适、愉悦的节奏。你不必急于模仿别人，也不需要时刻追求更高的标准。人生不是一场追逐赛，也不是标准化的道路。每个人的生命轨迹都是独特的，找到你自己的节奏，走出适合自己的路，才能活出真正的精彩。当你不再被外界的标准束缚，真正听从自己的内心，你会发现，最好的生活方式，就是那个让你感到自在且充满能量的方式。

▶ 别怕，向前冲

真正的自由，不是活成别人的复制品，而是在自己的时区里栽种专属的风景。许多人活得拧巴，是因为总把别人的生活指南当圣经，却忘了最珍贵的路标藏在心跳声里。生活本就没有通用公式，重要的是在每一次选择中，我们是否能听见内心真实的回响。

1.撕掉"标准答案"：试试套上老头汗衫，把小区单杠当训练架，你会发现引体向上不需要标准姿势，就像生活不需要满分模板——隔壁大爷和二哈都能成为你的私教团。

2.把工位改成"人生体验馆"：那些被你称为"乱糟糟"的角落，恰恰是灵感疯长的沃土。竞品永远看不懂为什么菜鸟驿站的工位能挖出下沉渠道，就像算法算不出苦丁茶的涩味里藏着多少乡愁的力量。

3.给生活安装"双系统模式"：不必把兴趣和正事划清界限，试试让电动车筐里的《存在与时间》与接单App共存，生活从来不是单选题。

握紧那把属于你的生活钥匙——它或许是一根老头汗衫上微微脱落的线头，或是一圈苦丁茶的茶渍，又或者是被咬过一口的苹果上那道无意的牙印。在向前奔跑的路上，记得偶尔从标准轨道跳脱，站在水泥地上，用自己独特的步伐，踩出一串歪歪扭扭却闪闪发光的足迹。这些不完美的细节，才是生活最真实的印记，是你在世界上的存在，是你用心灵、用生活的每一个片段书写的诗行。

07 精简的幸福刚刚好

▶ 朋友圈里的心事　　　　　　　　　　　　　　[所有人可见]

　　手机突然黑屏，维修小哥抠出128G的相册碎片："你这手机是被回忆撑爆的。"突然想起三年来拍过2689张云朵、存了500份"等会儿看"的文章、收藏夹里塞满过期优惠券。揣着备用机去菜市场，大妈们找零时塞给我一把皱巴巴的快乐——两根葱搭块姜，附赠最新八卦："隔壁摊老王和他家电子秤私奔了！"昨天把衣柜精简到七件白T恤，却发现每件都有故事：3号领口染着去年火锅局的牛油渍，5号袖口破洞是追流浪猫被铁丝钩的。客户看着我PPT上"less is more"提案直皱眉，直到我撕掉二十页

不再为每一件小事做万全的准备，生活反而变得更轻松了。

157

废话，在空白页敲上"重点就三点"——他们当场签了合同，说这是见过最贵的留白设计。

刚在公园看大爷用拖把练字，地面水渍写着"知足常乐"。我问他为啥不买金边宣纸，他杵着拖把笑："地上写完就蒸发，多像人生啊。"突然明白，那些让我焦虑的"收藏""备份""以防万一"，不过是给生活打了太多死结。回到家，我翻出那本尘封的笔记本，上面密密麻麻写满了计划、目标和"总有一天要做的事"。可真正让我嘴角上扬的，却是夹在最后一页的那张泛黄的纸条，上面潦草地写着："今天阳光很好，我什么也没做，但很开心。"原来，幸福从来不需要太多，它藏在那些未被计划的缝隙里，藏在那些不被定义的瞬间中。

我开始学着放下"以防万一"的执念，不再囤积"等会儿看"的文章，不再收藏"可能会用"的优惠券，不再为每一件小事做万全的准备。生活反而变得更轻松了，像一片云，随风飘荡，却总能找到属于自己的天空。精简的幸福，不是匮乏，而是富足；不是放弃，而是选择。它让我明白，真正的快乐，在于懂得取舍，在于珍惜当下，在于用最少的拥有，过最丰盈的人生。

▶ **心理反射区**

心理学家巴里·施瓦茨的"选择的悖论"理论指出，过多的选择往往让人陷入焦虑，而简化选择反而能带来更多的满足感。我们常常认为，拥有更多物质和追

求更高的社会地位能够带来更大的幸福，但研究显示，物质的满足并不能带来长期的幸福感。相反，当我们不断追求更多、更好时，往往会陷入对"更多"的渴望，难以享受当下的生活。

▶ **焦虑实验室**

实验名称：精简生活与幸福感提升实验

实验背景：在物质和信息过载的时代，我们常常被"拥有更多"的欲望所裹挟，陷入焦虑与不安，精简生活强调通过简化选择、减少不必要的负担，找到内心的平静与满足。本实验旨在通过模拟精简生活的实践，帮助你将焦虑转化为幸福感。

实验步骤：

1.场景模拟：选一个让你感到焦虑或不适的生活情境（如物质囤积、信息过载、时间管理等）。

2.反应记录：在1分钟内，写下你脑海中闪过的三个念头：

我为什么总是觉得不够？

我是不是错过了什么？

我可能无法满足别人的要求。

3.情绪打分：为每个念头对应的焦虑感打分（0～10分，0=毫无感觉，10=极度焦虑）。

4.行为实验：执行一项与精简生活相关的具体行动（如清理收藏夹、整理衣柜、减少社交媒体的使用等），并将行动记录写在"精简生活日志"中。

5.**重启评估**：重复步骤1的场景模拟，记录新产生的念头并打分。

6.**数据对比**：计算两次焦虑值差值。

①焦虑值降幅≥30%：

你已成功将焦虑转化为幸福感，建议持续使用"精简生活"工具。

②焦虑值波动<10%：

你可能需要调整精简生活的方式。

▶ 我想对你说

幸福并不等于拥有越多越好，事实上，过度的欲望和无止境的追求，往往让我们迷失在生活的洪流之中。焦虑和不安的根源，往往不是因为我们拥有的太少，而是因为我们渴望得太多。我们总是被外界设定的"成功"标准所困扰，认为只有拥有更多财富、更多成就、更多人际关系，才能算得上幸福。然而，这种"越多越好"的观念，真的能带来真正的满足感吗？当我们习惯性地把幸福寄托在未来的目标上，总想着"再努力一点就好了""等我实现了某个目标就会开心"，我们反而容易忽略当下的美好，陷入永不满足的焦虑之中。真正的幸福，并不是外界赋予的，而是源自内心的满足和宁静。而这种满足感，往往与精简的生活息息相关。

每个人的幸福定义不同，但精简的幸福，就是剥离那些不必要的负

160

担，减少外界的干扰，回归最真实的自己。在这个充满信息轰炸的时代，我们总是被各种各样的标准牵引着，仿佛只有按照别人的轨迹前进，才算是走在"正确"的道路上。然而，我们真的需要那么多吗？需要拥有最多的东西，才能感受到安全？需要不断地证明自己，才能获得认可？其实，幸福不在于拥有什么，而在于如何看待自己已经拥有的一切。当我们学会放下那些无谓的攀比，停止追逐那些并不真正属于我们的目标，我们才能真正听见自己内心的声音，找到属于自己的节奏。幸福从来不是一场永无休止的竞赛，它是一种内心的状态，是我们对生活的选择与感悟。

幸福其实并不复杂，它并不依赖于外界的成就，也不是物质堆砌的结果，而是我们能否在平凡的日常中，找到属于自己的快乐。那些最珍贵的幸福时刻，往往是最简单的——阳光洒进房间的温暖和家人共度的一顿晚餐、一本书带来的思考和启发……当我们愿意停下来，感受这些生活中的细微美好，我们会发现，真正的幸福从未远离，它一直存在于那些最简单、最纯粹的瞬间。减少不必要的欲望，回归简单，珍惜当下，才是通往幸福最真实的路径。

▶ 别怕，向前冲

真正的幸福，不是把生活塞满到溢出，而是学会在留白处种出花园。许多人活得疲惫，是因为总把"拥有更多"当作解药，却忘了精简的减法里，藏着更轻盈的自由。生活本就没有标准答案，重要的是在每一次取舍中，我们是否能触摸到内心真实的回响。

1.给欲望按下"删除键"：试试把收藏夹清空，把相册里的云朵印成明信片寄给朋友，让过期优惠券变成折纸飞机——精简不是失去，而是把囤积的"可能"变成确定的"此刻"。

2.用七件白T恤对抗世界的嘈杂：给物质做减法，不是追求极简美学，而是让每件物品都长出故事，每个选择都变得掷地有声。

3.学公园大爷在地上写"知足"：停止给未来囤积"幸福积分卡"，把"等我有空"改成"现在就做"——吃当季的瓜果，穿舒服的旧鞋，把"重点就三点"活成人生提案。

每一次放下，都是对自我空间的打开，每一个"删除键"的按下，都是对未来清晰的展望。与其在尘世的嘈杂中追寻那些模糊的理想，倒不如像公园里的老爷爷，挥毫写下"知足"二字，慢慢地、坚定地过自己想要的生活。让生活不再是一个永无止境的追求，而是成为一场随时都能触及的当下。把"更多"的执念放下，让每一次选择都变得有意义，每一次简化都成就更深的满足。

08 好朋友在身边

▶ **朋友圈里的心事**　　　　　　　　　　　　　[所有人可见]

　　上周急性肠胃炎，瘫在床上半天叫不到车，发了个仅她可见的"我饿了"表情包，十分钟后门被砸响——小林左手拎着保温桶，右手拿着止疼药，头上还别着没摘的理发店烫发夹。我躺在床上等药效发作时，她突然掏出保温桶："我顺便给你炖了银耳羹，用的是我妈的独家配方。"那碗黏糊糊的甜品，比止疼药更快治愈了我。

　　昨天改方案到崩溃，把三十页PPT群发给五个闺蜜并附言"救大命"。半小时后文档里蹦出五彩斑斓的批注：做会计的给成本表画了只吞数字的

那些深夜的啤酒瓶、清早的退烧药、共享文档里的胡言乱语，原来早把我们缝成了彼此的急救包。

哥斯拉，当幼师的把市场分析改成童话故事大纲，最离谱的是设计师阿紫，她把竞品对比做成了相亲简历——甲方爸爸看完说："这页留着，比方案本身精彩。"

刚翻到四年间的聊天记录，我写"好累啊"她回"来吃火锅"，她发"失恋"我秒订KTV包厢。那些永远及时的退烧药、安慰的长语音、聊八卦时候的胡言乱语。

▶ **心理反射区**

社会支持理论强调，情感支持来源于亲密关系中彼此的关爱和理解。一个好朋友的支持，往往能帮助个体重建信心，恢复心理的平衡。即便是没有解决具体问题，单纯的情感支持也能让个体感觉到自己并不孤单，这种心理上的慰藉可以有效地缓解焦虑，提升个体的心理韧性。

▶ **焦虑实验室**

实验名称：友情缓解焦虑实验

实验背景：在高压的生活中，我们常常感到孤独和无助，忽视了友情的力量，情感支持能够有效缓解焦虑，提升心理韧性。本实验旨在通过模拟友情支持的实践，帮助你将焦虑转化为内心的平静与力量。

实验步骤：

1.场景模拟：选择一个让你感到焦虑或无助的情境（如工作压力、生活困境、情感问题等）。

2.反应记录：在1分钟内，写下你脑海中闪过的三个念头：

我为什么总是这么孤独？

我是不是不够坚强？

我可能永远无法摆脱这种状态。

3.情绪打分：为每个念头对应的焦虑感打分（0～10分，0=毫无感觉，10=极度焦虑）。

4.行为实验：执行一项与友情支持相关的具体行动（如向好友求助、陪伴朋友、表达关心等），并将行动记录写在"友情支持日志"中。

5.重启评估：重复步骤1的场景模拟，记录新产生的念头并打分。

6.数据对比：计算两次焦虑值差值。

①焦虑值降幅≥30%：

你已成功将焦虑转化为内心的平静与力量，建议持续使用"友情支持"工具。

②焦虑值波动＜10%：

你可能需要调整与好友的互动模式。

▶ **我想对你说**

在这个快节奏、高压力的社会里，我们常常把自己和他人隔得越来越远。很多时候，我们为了追求"独立"和"自我"，过度强调自己一个人可以应对一切，但在内心深处，我们依然渴望得到理解和支持。特别是面对生活中的低谷和困境时，我们常常希望有一个人能够站在我们身边，给予我们力量。

然而，许多人往往在困境面前闭口不言，担心被他人看作"软弱"或"依赖"。我们害怕打扰朋友，害怕让他们为自己担忧，甚至因为不想麻烦别人而选择独自承受痛苦。事实上，真正的友情并非建立在"完美"的面孔上，而是能够在彼此的脆弱中找到真实的连接。朋友不是让我们在困境中变得更强，而是通过支持和陪伴，让我们在脆弱时感受到温暖，从而获得重新站立的力量。不要害怕依赖朋友，也不要觉得自己不够坚强。事实上，生活中最重要的并不是你能够独自承受多少痛苦，而是你能够在脆弱时向他人伸出手，勇敢地接受帮助。在真正的友谊中，依赖并不是软弱，而是彼此之间的一种信任和支持。我们每个人都会有脆弱的时候，而这些脆弱并不代表失败，而是我们作为人的一种自然状态。

真正的朋友，并不是那些在你强大时，站在旁边为你鼓掌的人，而是在你脆弱时，愿意陪伴你、支持你的人。朋友的陪伴，并不需要过多华丽的言辞，也不需要无时无刻地提供解决方案。最珍贵的友谊，往往是那些能够在你最需要的时候默默站在你身旁，给你一个肩膀、一个温暖的拥抱，或者只是静静地陪伴你度过最难熬的时光。当你陷入低谷、感到无助和迷茫时，朋友的理解和支持，比任何华丽的语言都要更具力量。很多时候，朋友的陪伴并不需要说什么，只是一个安静的存在，给予你一种无形的力量，让你感受到你并不孤单，世界上总有一个人愿意在你最脆弱时与您同行。而这种陪伴，不一定是时刻在你身边，时时为你解答困惑的朋友。它更像是一种默契和理解，是那种在你疲惫时，只要你一转身，身后就会有一个坚实的后盾，给你温暖，给你力量。这种支持，不是要让你在困境中变得更加坚强，而是通过陪伴和关怀，让你感受到温暖，从而重新找回自己的力量，重新站立起来。

▶ 别怕, 向前冲

朋友最珍贵的特权，就是参与彼此兵荒马乱的现场，生活从不需要完美无缺的强者，那些蹲在厕所门口分食银耳羹的时刻，才是我们最坚不可摧的铠甲。

1.把"求助"变成暗号，而非弱点：试试把"我没事"换成"我需要"——让闺蜜带着开塞露冲进家门，让哥斯拉怪兽在PPT里吞掉压力，你会发现示弱比逞强更需要力量。

2.给友情设计"急救快捷键"：给特定好友设置专属暗语：发句号代表"陪我说废话"，传空白文档代表"急需支援"，分享老歌链接代表"求共鸣"。那些深夜啤酒瓶碰撞的暗号、KTV包厢里的失恋战歌、共享文档里的彩色批注，都是属于你们的摩斯密码，比任何理论都懂如何修

167

补生活裂缝。

3.主动成为别人的"烫发夹女孩"：下次朋友说"想死"，别劝他坚强，直接甩火锅店定位；看到对方朋友圈发阴天emoji，拎着奶茶去敲他家玻璃。那些你缝在别人生命里的急救包，终会在某个雨夜变成保护你的降落伞。

别怕在友情里暴露线头，我们本就是靠彼此的毛边相连。甲方永远不懂为什么相亲简历能拯救方案，就像算法算不出开塞露和银耳羹的治愈公式。那些被标注过"荒诞"的陪伴，会在时光里发酵成最靠谱儿的参考答案——当世界追问结果，好朋友只关心你的厕所门有没有被敲响。握紧那些愿意为你暂停烫发的人，他们不是生活的备选答案，而是陪你改写题面的战友。向前冲的路上，记得偶尔回头伸手："要来我的泥潭里跳支舞吗？"

09 让理性消费治好焦虑症

▶ **朋友圈里的心事**　　　　　　　　　　　　　[所有人可见]

　　清理了一下支付宝账单，发现去年为凑满减点的271份外卖里，有163份酸辣粉坨成了石膏雕塑。闺蜜翻出我三年前"精致生活"的宣言照——摆盘精致的沙拉旁，藏着啃了一半的炸鸡腿包装纸。最讽刺的是那双斥巨资买的限量跑鞋，至今只踩过健身房前台的地毯，倒是穿着拼夕夕9.9包邮的洞洞鞋，追着偷外卖的流浪猫跑出了小区纪录。

　　转机出现在二手交易平台。把积灰的美容仪挂上闲鱼时，买家姑娘发来她奶奶用同款按摩面团的视频："这振动频率揉出来的韭菜合子特筋

清理了一下支付宝账单，发现去年为凑满减点的271份外卖里，有163份酸辣粉坨成了石膏雕塑。

169

道！"现在我的空气炸锅成了楼里阿婆们的共享设备，换来张阿姨腌的酸黄瓜、李奶奶钩的毛线袜。

昨天超市大促销，我推着空车逛完全场。收银员像看外星人："您就买根生姜？"我晃了晃备忘录里《防剁手三字经》：想要时，放三天；急需品，等月圆。回家路上啃着换购的免费试吃面包，突然发现晚霞比购物车里的进口果酱更浓稠。

▶ 心理反射区

心理学家沃尔特·米歇尔的延迟满足实验表明，能够延迟满足的人通常能够更好地管理自己的情绪和行为，从而获得长期的幸福和满足感。在消费过程中，冲动性购买往往是基于即时的情绪反应，而理性消费则要求我们推迟即时的欲望，经过深思熟虑后做出选择，这种能力可以有效帮助我们避免不必要的消费，更能培养我们的自律，从而让我们的内心达到平衡。

▶ 焦虑实验室

实验名称：理性消费与焦虑缓解实验

实验背景：在消费主义盛行的时代，我们常常被冲动消费所裹挟，试图通过购物缓解焦虑，却往往陷入更深的困境。本实验旨在通过模拟理性消费的实践，帮助你重新定义对消费的理解。

实验步骤：

1.场景模拟： 选一个让你感到焦虑或冲动消费的情境（如促销活动、情绪低落、购物欲望等）。

2.反应记录： 在1分钟内，写下你脑海中闪过的三个念头：

我为什么总是忍不住想买东西？

我是不是在浪费钱？

我一直无法控制自己去消费。

3.情绪打分： 为每个念头对应的焦虑感打分（0～10分，0=毫无感觉，10=极度焦虑）。

4.行为实验： 执行一项与理性消费相关的具体行动（如制定消费计划、延迟购买、记录支出等），并将行动记录写在"理性消费日志"中。

5.重启评估： 重复步骤1的场景模拟，记录新产生的念头并打分。

6.数据对比： 计算两次焦虑值差值。

①焦虑值降幅≥30%：

你已成功将焦虑转化为对生活的掌控感，建议持续使用"理性消费"工具。

②焦虑值波动<10%：

你可能需要调整消费的方式。

▶ **我想对你说**

你是否也曾因为感到焦虑、压力或不安而选择购物？许多人在情绪低落时，发现自己总是忍不住地拿起手机，浏览购物网站，或是走进商场，只为了买一些看似能给自己带来短暂安慰的物品。每次消费后，或许会有一丝满足感，一种觉得"所有问题暂时都能忘掉"的感觉。但这种满足感往往非常短暂，购物后的空虚和后悔很快就会悄然而至，甚至更加沉重。你或许会发现，自己似乎并没有真正获得任何长久的慰藉，反而又给自己带来更多的心理负担和财务压力。

实际上，消费并非解决焦虑的良方，反而可能让你陷入更深的困境。当我们试图通过购买新的东西来填补内心的空缺时，我们忽略了一个重要的事实：消费并不能真正满足我们深层次的需求。我们常常用外在的物质去寻找内心的安慰，希望通过拥有更多的东西来弥补那些未曾被满足的情感和心理空缺。然而，这种方式往往无法带来持久的满足感，反而会让我们更加焦虑和空虚，因为我们深知，真正的满足并非来自外物，而是源于内心的平静与自我认同。

焦虑的根源，正是在于我们常常把外在的物质当作内在需求的解决方案。我们误以为，拥有更多的东西就意味着更幸福、更成功，但事实并非如此。消费的背后，其实往往是一种逃避，我们试图通过购物来暂时摆脱内心的不安和压力，但这一行为往往只会加重内心的困扰。购物本身无法解决焦虑，反而可能让我们陷入更深的焦虑之中。我们不断地购买、拥有，却始终无法填补那份内心的空虚感。

当我们能够静下心来，停下脚步，真正思考自己内心的需求时，我们才会意识到，幸福和满足并不是通过不断追求物质占有来获得的。它们来源于内心的宁静与自我认知，是通过倾听内心的声音，理解自己真正需要的是什么，才能真正体验到的深刻平和。或许，你会发现，真正的满足并不需要更多的物品，而是内心的充实与自信，是通过情感的连接、意义的追求和与他人的真诚互动而获得的。

▶ 别怕，向前冲

治愈，并非对消费的彻底否定，而是在理性与欲望之间找到平衡，让每一次选择都成为滋养生活的养分。许多人活得焦虑，是因为他们总被消费主义裹挟，追逐短暂的满足，却忽视了内心真正的需求。生活本就不该被物质填满，重要的是在每一次消费中，我们是否能感受到真正的价值与满足。

1.设定小而具体的消费目标：将"理性消费"这个大目标分解为多个小目标，比如"本月只买3件非必需品"或"每周外卖不超过两次"。每完成一个小目标，给自己一次小奖励，比如看一部喜欢的电影或买一本心仪的书。

2.创造积极的"消费奖励机制"：每当达成一个消费目标时，给自己一个小奖励，比如享受一顿健康美食或安排一次短途旅行，将省下的钱存入"梦想基金"，用于实现更大的目标，比如学习新技能或投资健康。

3.寻找生活中的"消费小美好"：在日常生活中寻找免费的快乐，比如公园散步、与朋友聊天或阅读一本好书。将消费转向体验式活动，比如参加手工课程或学习新技能，让快乐更持久。

　　那些被"剁手"支配的日子，终会变成轻装上阵的从容；那些为凑满减囤积的外卖，拆解开来正是对健康生活的反思。不必追求极简主义，而要练习与消费共舞——当你学会用理性的眼光审视每一次购买，用温暖的方式赋予物品新的生命，所有的消费焦虑都将转化为对生活的掌控感。稳住节奏，踩准需求，这场与消费和解的旅程本身，就是治愈焦虑的良方。在这条属于自己的路上，我们不再被商家的促销所绑架，而是听从内心的声音，活出属于自己的精彩。无论外界如何喧嚣，我们只需按照自己的节奏，坚定地走下去，迈向未来的每一程。

10 焦虑教会你的事，也会成为未来的礼物

▶ 朋友圈里的心事 [所有人可见]

翻到2019年的备忘录，满屏都是"完蛋了"：担心被AI取代、焦虑35岁裁员、恐惧孩子考不上托班。现在看着这些文字直乐——当年吓得腿软的"职业危机"，其实是公司转型前兆，我那些熬夜写的行业分析报告，阴差阳错成了现在创业的蓝本。昨天整理云盘，发现命名为"人生至暗时刻"的文件夹里塞着宝藏：被甲方虐哭时录的吐槽音频，剪成播客点击破十万；提案被拒的手稿背面，画着现在热卖的文创图案；甚至五年前焦虑暴食的外卖订单，都成了新项目《城市深夜饮食情绪图谱》的数据支撑。

翻到2019年的备忘录，满屏都是"完蛋了"：担心被AI取代、焦虑35岁裁员。

暴雨突袭的傍晚，我蹲在阳台捣鼓自制雨水收集器——用前年囤的200个口罩当过滤层，拿疫情时抢菜的泡沫箱当储水罐。儿子指着哗哗流进花盆的水流喊："妈妈把害怕变成了浇花魔法！"

所有让我们蜷缩成团的恐惧，只要肯蹲下来轻轻拆解，都会变成浇灌生活的养料，那些在至暗时刻疯狂生长的藤蔓，终将结出意料之外的果实。

▶ **心理反射区**

心理学中的适应性焦虑理论指出，焦虑在一定程度上能够促使个体采取更加积极的行为应对生活中的挑战。适度的焦虑可以帮助我们保持警觉，提高效率，让我们在面对难题时不轻易放弃，焦虑可以成为我们走向未来的动力，让我们意识到潜在的风险，从而让我们为未知做好准备。

▶ **焦虑实验室**

实验名称：焦虑转化与成长实验

实验背景：焦虑常常被视为负面情绪，但它也可以成为推动我们成长的动力，适度的焦虑能够促使个体采取更加积极的行为应对挑战。本实验旨在通过模拟焦虑转化的实践，帮助你将焦虑转化为未来的希望。

实验步骤：

1.场景模拟：选择一个让你感到焦虑的情境（如工作压力、未来规划、生活困境等）。

2.反应记录：在1分钟内，写下你脑海中闪过的三个念头：

我为什么总是这么焦虑？

我是不是不够好？

我怎么老是失败？

3.情绪打分：为每个念头对应的焦虑感打分（0～10分，0=毫无感觉，10=极度焦虑）。

4.行为实验：执行一项与焦虑转化相关的具体行动（如制定防崩预案、专注5分钟任务、录制语音日记等），并将行动记录写在"焦虑转化日志"中。

5.重启评估：重复步骤1的场景模拟，记录新产生的念头并打分。

6.数据对比：计算两次焦虑值差值。

①焦虑值降幅≥30%：

你已经成功将焦虑转化为成长动力，建议持续使用"焦虑转化"工具。

②焦虑值波动<10%：

你可能需要调整转化方式。

▶ **我想对你说**

焦虑常常像一道无形的屏障，悄无声息地出现在我们的生活中，带来深深的负面情绪。它让我们心里充满了无法应对的恐惧感，似乎一切都在我们无法掌控的范围之外。焦虑往往让人变得敏感且多疑，生怕做不好、做不完，甚至错失某些至关重要的机会。每当焦虑袭来，我们总是沉浸在"完美主义"的陷阱中，过度纠结于每一个细节、每一个步骤，却忽视了行动本身的意义。在这种焦虑中，我们可能会选择逃避，放弃面对问题，试图回避那些让自己不安的情境，却因此陷入更深的无力感。

但，焦虑并不是一种永远的负担，也不是必须完全消除的情绪。相反，焦虑可以是一种深刻的提醒，一种内心的警钟。当焦虑在我们心头弥漫时，它并不是在指责我们，而是在告诉我们："某些地方可能还不够完美，某些方向可能需要重新调整。"它提醒我们关注那些曾经被忽略的细节，那些可能被我们轻视的小事；它让我们停下来，反思自己到底想要什么，真正的需求是什么。其实，焦虑背后藏着巨大的能量和潜力。它常常源自我们对未来的期许和对现状的不满足。焦虑让我们意识到某些不安和不适的存在，正是这些不安，促使我们去寻找解决方案，去克服内心的恐惧与不安。当我们放下对"完美"的执着，而是接纳自己的不完美时，焦虑就不再是压迫我们的力量，而变成了推动我们成长的动力。每一次焦虑，都是我们自我觉察的契机，它让我们看到自己内心深处的渴望与恐惧，帮助我们认清真正的方向。

焦虑是一位严厉但慈爱的导师，它让我们看清前进路上的障碍，并促使我们寻找新的方法来超越它。当我们学会拥抱焦虑而不是排斥它，便能从中汲取智慧与力量。焦虑促使我们更加清晰地认识自己，明白自己的内在需求，去除外界的纷扰与压力，专注于自我的成长与进步。记住，每一次的焦虑，都是一场自我蜕变的预兆。它告诉我们，需要改变、需要突破，甚至需要放手。在焦虑中，我们会变得更加坚定和成熟，不再被恐惧左右，拥有了改变现状的勇气和动力。焦虑并非只是痛苦的源泉，它也是觉醒的信号，是我们走向更好自己的一扇门。

▶ 别怕, 向前冲

把焦虑当作特殊的"未来快递"——每个让你心慌的包裹里，都有一份需要亲手拆封的成长礼物。那些看似无用的担忧记录，都在默默编织着属于你的"抗压神经网络"。

1.将"焦虑清单"转化为"行动密码"：每周抽出20分钟，把飘忽的担忧写成可执行的"防崩预案清单"。

2.用"5分钟魔法"启动正向循环：对逃避事项承诺"只需专注5分钟"（如整理5分钟桌面、回复1封邮件），完成后立即用感官奖励强化（闻喜欢的香薰、吃颗黑巧克力），让身体记住"完成即愉悦"。

3.构建"焦虑能量转化站"：将焦虑转化为利他行为或创造性表达，可激活大脑奖赏回路，比如可以把失眠时的胡思乱想录成语音日记，剪辑成故事素材或脱口秀段子。

真正的勇气，不是没有恐惧，而是懂得把焦虑冶炼成探照灯。那些让你夜不能寐的"怎么办"，终会变成轻舟已过的"不过如此"；那些看似绊脚的忧虑顽石，铺展开来正是通往未来的踏脚石。当你学会用焦虑的丝线编织铠甲，用忐忑的星火点燃火把，所有的惶惑都会成为命运埋下的彩蛋。深呼吸，向前走，你正在用今天的忐忑兑换明日的从容，每一步踩碎的焦虑碎片，都在悄悄拼成未来惊喜的藏宝图。

目 录
CONTENTS

1

目录
CONTENTS